Visual Basic
程序设计实训教程

主编 梁兴琦 何鲲 袁跃峰

中国科学技术大学出版社

内 容 简 介

Visual Basic 6.0 是 Microsoft 公司推出的一款 Windows 应用程序开发工具。它采用可视化编程技术、面向对象和事件驱动的编程机制，可方便快捷地开发出强大的 Windows 应用程序。本书按照"实训目的—实训内容—实训分析—实训步骤—实训小结—实训习题"的模式，以突出可操作性为宗旨，内容叙述深入浅出，结构模块化，清晰合理，有助于读者快速掌握 VB 的程序设计方法和应用技巧。全书分为 12 章：Visual Basic 概述实训与习题；Visual Basic 基本概念与操作实训与习题；Visual Basic 程序设计基础实训与习题；窗体设计实训与习题；常用控件实训与习题；数组实训与习题；函数过程实训与习题；文件实训与习题；图形绘制实训与习题；对话框与菜单设计实训与习题；VB 与数据库实训与习题；程序调试与错误处理实训与习题。

本书可作为应用型、技能型人才培养的各类教育相关专业学生学习 Visual Basic 语言程序设计的实训教材，也可作为各类水平考试、全国计算机等级考试的自学辅助用书及学习计算机程序设计的培训教材和参考书。

图书在版编目(CIP)数据

Visual Basic 程序设计实训教程／梁兴琦，何鲲，袁跃峰主编. —合肥：中国科学技术大学出版社，2012.8
ISBN 978-7-312-03015-4

Ⅰ. V⋯　Ⅱ. ①梁⋯　②何⋯　③袁⋯　Ⅲ. BASIC 语言—程序设计—教材　Ⅳ. TP312

中国版本图书馆 CIP 数据核字(2012)第 129648 号

出版	中国科学技术大学出版社 安徽省合肥市金寨路 96 号，邮编：230026 网址：http://press.ustc.edu.cn
印刷	合肥市宏基印刷有限公司
发行	中国科学技术大学出版社
经销	全国新华书店
开本	710 mm×960 mm　1/16
印张	9.75
字数	170 千
版次	2012 年 8 月第 1 版
印次	2012 年 8 月第 1 次印刷
定价	20.00 元

前　言

本书是《Visual Basic 程序设计》（何鲲，梁兴琦，袁跃峰主编）的配套教材。Visual Basic 6.0 是 Microsoft 公司推出的一款 Windows 应用程序开发工具。它采用可视化编程技术、面向对象和事件驱动的编程机制，可方便快捷地开发出强大的 Windows 应用程序。"Visual Basic 程序设计"是计算机类专业及相关专业必修的一门专业基础课，由于它简单易用，对学习者要求不高，也成为初学程序设计人员的首选。

本书按照"实训目的—实训内容—实训分析—实训步骤—实训小结—实训习题"的模式，以突出可操作性为宗旨，与理论教材相对应。该书充分考虑高职学生的特点和要求，内容叙述深入浅出，结构模块化，清晰合理，有助于学生快速掌握 VB 的程序设计方法和应用技巧。全书分为 12 章：第 1 章 Visual Basic 概述实训与习题；第 2 章 Visual Basic 基本概念与操作实训与习题；第 3 章 Visual Basic 程序设计基础实训与习题；第 4 章窗体设计实训与习题；第 5 章常用控件实训与习题；第 6 章数组实训与习题；第 7 章函数过程实训与习题；第 8 章文件实训与习题；第 9 章图形绘制实训与习题；第 10 章对话框与菜单设计实训与习题；第 11 章 VB 与数据库实训与习题；第 12 章程序调试与错误处理实训与习题。

本书可作为应用型、技能型人才培养的各类教育相关专业学生学习 Visual Basic 语言程序设计的实训教材，也可作为各类水平考试、全国计算机等级考试的自学辅助用书及学习计算机程序设计的培训教材和参考书。

本书由安徽经济管理学院梁兴琦、何鲲、袁跃峰担任主编，各章编写分工具体如下：第 1 章由梁兴琦编写；第 2 章由李六杏编写；第 3、4 章由刘儒香编写；第 5 章由唐立编写；第 6、7 章由杨斐编写；第 8、9 章由邹汪平编写；第 10 章由何鲲、唐立共同编写；第 11 章由朱方洲、袁跃峰共同编写；第 12 章由孙玲玲编写。本书的出版得到了中国科学技术大学出版社的大力支持和帮助，此外，还有许多老师对本书提出了宝贵的、建设性的意见与建议,在此一并表示感谢。

由于编者水平有限,疏漏之处在所难免,敬请读者批评指正。

编 者

2012 年 6 月

目　　录

前言 ··· (i)
第1章　Visual Basic 概述实训与习题 ······························ (1)
第2章　Visual Basic 基本概念与操作实训与习题 ················· (8)
第3章　Visual Basic 程序设计基础实训与习题 ···················· (19)
第4章　窗体设计实训与习题 ······································· (28)
第5章　常用控件实训与习题 ······································· (35)
第6章　数组实训与习题 ·· (57)
第7章　函数过程实训与习题 ······································· (71)
第8章　文件实训与习题 ·· (84)
第9章　图形绘制实训与习题 ······································· (101)
第10章　对话框与菜单设计实训与习题 ··························· (114)
第11章　VB与数据库实训与习题 ·································· (131)
第12章　程序调试与错误处理实训与习题 ························ (143)

第1章 Visual Basic 概述实训与习题

—— 实 训 目 的 ——

① 掌握启动和退出 Visual Basic 6.0 的方法。
② 掌握设计一个简单程序的基本步骤。
③ 熟练掌握菜单栏、工具栏、窗体、工具箱、工程资源管理器窗口和属性窗口的使用。

—— 实 训 内 容 ——

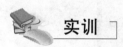

设计一个简单程序，其功能是计算圆的面积。程序运行后，屏幕出现用户界面（如图1.1），单击"开始"按钮，屏幕出现如图1.2所示的输入对话框。输入数据（如:3)后，单击"确定"按钮，程序继续执行，输出结果如图1.3所示。单击"结束"按钮，程序结束执行。

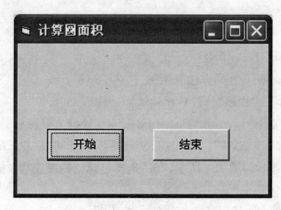

图1.1 用户界面

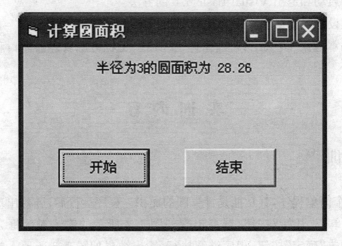

图 1.2 输入对话框

图 1.3 输出结果

实训步骤

(1) 启动 Visual Basic 6.0

启动 Visual Basic 6.0 的方法有两种：

① 单击"开始"→"程序"→"Microsoft Visual Basic 6.0"。

② 在桌面上双击 Microsoft Visual Basic 6.0 快捷方式图标。

启动 Visual Basic 6.0 后，系统进入 Visual Basic 6.0 集成开发环境，并显示一个"新建工程"对话框，如图 1.4 所示，默认选择是建立标准工程（标准 EXE）。

(2) 界面设计

单击"打开"按钮，Visual Basic 6.0 进入设计模式。系统提供一个名为"Form1"的窗体，可在这个窗体上进行界面设计。

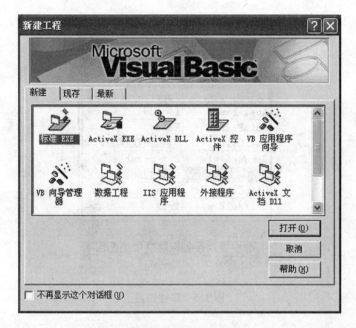

图 1.4 新建工程

建立控件的方法为：双击工具箱上的命令按钮（CommandButton），在窗体中出现一个带有"Command1"字样的命令按钮图形对象，用鼠标将它拖到窗体的合适位置；再次双击工具箱上的命令按钮（CommandButton），在窗体中出现一个带有"Command2"字样的命令按钮图形对象，用鼠标将它拖到窗体的合适位置。

(3) 属性设置

为了明确应用程序的功能，一般需要修改控件的标题属性。首先，从屏幕右边的属性窗口中打开 Form1 的属性列表，找到 Caption 属性栏，将其值由"Form1"改为"计算圆面积"（如图 1.5），按回车键确认。这时，窗体标题也随之改变了。然后，从属性窗口中打开命令按钮 Command1 的属性列表，找到 Caption 属性栏，将其值"Command1"改为"开始"。用同样方法，将命令按钮 Command2 的 Caption 值改为"结束"。至此，如图 1.1 所示的用户界面设计完成。

(4) 编写程序代码

计算圆面积的计算公式是 $s = 3.14 * r * r$，其中 r 为半径，s 为圆面积。程序代码如下：

Private Sub Command1_Click()

　　Dim r, s

　　r = InputBox("请输入圆半径:")

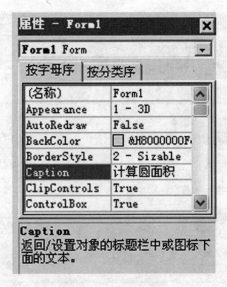

图 1.5 属性设置

　　s = 3.14 * r * r
　Print
　Print Tab(12);"半径为";r;"的圆面积为";s
End Sub
Private Sub Command2_Click()
　End
End Sub

（5）修改程序代码

在 VB 中，输入和修改程序代码必须要进入代码编辑环境，进入代码编辑环境有四种方法：

① 双击控件。
② 使用鼠标右键单击控件，从弹出的菜单中选择"查看代码"命令执行。
③ 从菜单栏的"视图"菜单中选择"代码窗口"命令执行。
④ 在工程资源管理器窗口单击"查看代码"图标。

无论使用哪一种方法进入代码编辑环境，都会显示代码编辑窗口（如图 1.6）。代码编辑窗口的顶端有两个下拉框，左边是对象列表框，右边是事件列表框。从对象列表框中选择控件名和从事件列表框中选择相应的事件名后，代码编辑窗口中显示出相应的事件驱动程序的窗口。这时就可以在事件驱动程序的窗口中输入程序代码。

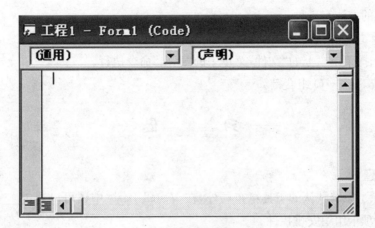

图 1.6 代码编辑窗口

如果双击控件,代码编辑窗口会出现默认的 Click 事件窗口,对于这个例子,双击命令按钮 Command1,代码编辑窗口中显示出 Command1_Click 事件窗口。可以在这个窗口中输入程序代码。用同样的方法,也可以输入 Command2 的事件驱动程序代码。

(6) 运行程序

运行 VB 程序有三种方法:

① 单击工具栏上的"启动"按钮。

② 按 F5 功能键。

③ 从菜单栏的"运行"菜单中选择"启动"命令,这时系统对程序解释执行。若从菜单栏的"运行"菜单中选择"全编译执行"命令,程序编译执行。

程序运行后,结果如图 1.1、图 1.2、图 1.3 所示。

如果程序出现编译或运行错误,系统都将给出错误提示信息。此时,应分析产生错误的原因,找出出错的位置,并使用编辑功能键对程序进行修改。修改完程序后,按 F5 功能键,重新执行程序。

(7) 保存程序

保存程序有两种方法:

① 选择菜单栏上"文件"菜单中的"保存工程"命令执行。

② 单击工具栏中的"保存"按钮。

不管采用哪一种保存程序的方法,对于新程序,系统都会要求用户给定存放的路径和文件名,并分别保存窗体文件和工程文件。

(8) 退出 VB 6.0

退出的方法有三种：

① 单击主窗口右上角的"关闭"按钮。

② 选择菜单栏上的"文件"菜单中的"退出"命令执行。

③ 按 ALT+Q 组合键。

一、选择题

1. 除了系统默认的工具箱布局外，在 Visual Basic 中还可以通过_____方法来定义选项卡组织安排控件。

    A. 在工具箱单击鼠标右键，执行快捷菜单中的"添加选项卡"命令

    B. 执行"文件"菜单中的"添加工程"命令

    C. 执行"工程"菜单中的"添加窗体"命令

    D. 执行"工程"菜单中的"部件"命令

2. Visual Basic 集成环境的大部分窗口都可以从主菜单项_____的下拉菜单中找到相应的打开命令。

    A. 编辑   B. 视图   C. 格式   D. 调试

3. 双击窗体的任何地方，可以打开的窗口是_____。

    A. 代码窗口   B. 属性窗口

    C. 工程管理窗口   D. 以上三个选项都不对

4. 工具栏中的"启动"按钮的作用是_____。

    A. 运行一个应用程序   B. 运行一个窗体

    C. 打开工程管理窗口   D. 打开被选中对象的代码窗口

5. 在设计阶段，双击窗体 Form1 的空白处，打开代码窗口，显示_____事件过程模板。

    A. Form_Click   B. Form_Load

    C. Form1_Click   D. Form1_Load

6. 激活属性窗口使用的键是_____。

    A. F2   B. F3   C. F4   D. F5

二、填空题

1. 如果要在单击按钮时执行一段代码，则应将这段代码写在_____事件

过程中。

2. 如果要使命令按钮表面显示文字"退出(X)"(在字符 X 之下加下划线),则其 Caption 属性设置为_____,其括号中的 X 表示在运行时按下_____键与单击该按钮效果相同。

3. 打开"工程窗口"的方法之一是按下_____组合键。

三、问答题

1. 简述 Visual Basic 6.0 的运行环境。
2. 叙述 MSDN 的安装方法、作用及使用。
3. 如何添加或删除 Visual Basic 6.0 部件?
4. 常见的 Visual Basic 文件有哪些类型?其作用如何?
5. 叙述建立一个简单 Visual Basic 应用程序的一般步骤。

第 2 章　Visual Basic 基本概念与操作实训与习题

―― 实训目的 ――

① 熟练掌握窗体对象和控件对象的建立。
② 熟练掌握对象属性的设置。
③ 熟悉对象的事件、事件过程与事件驱动。
④ 了解 Visual Basic 的三种工作模式。

―― 实训内容 ――

实训 2.1

设计一个如图 2.1 所示的界面,在名称为 Form1 的窗体上画一个标签,名称为 L1,标签上显示"请输入密码",在标签的右边画一个文本框,名称为 Text1,窗体

图 2.1　"密码窗口"界面

的标题设置为"密码窗口"。

实训步骤

① 建立一个新的工程文件。
② 在窗体上添加一个标签、一个文本框。
③ 按表 2.1 通过属性窗口设置对象的初始属性。

表 2.1 实训 2.1 的对象属性设置

对象	属性	属性值
Label1	Name	L1
Label1	Caption	请输入密码
Form1	Caption	密码窗口
Text1	Name	Text1

实训 2.2

设计一个程序,当程序运行后,在窗体的正中间显示"你好!请输入你的姓名",焦点定在其下的文本框中(如图 2.2 所示),当用户输入姓名并单击"确定"按钮后,在窗体中用黑体、12 磅、红色字显示"XXX 同学,你好!祝你学好 VB 程序设计",同时窗体上出现两个命令按钮"继续"和"结束",其中"XXX"是用户输入的姓名,例如,当用户输入"王五",单击"确定"按钮后,就会出现如图 2.3 所示的界面,如果单击"继续"按钮,则又回到初始运行状态;单击"结束"按钮即结束程序运行。

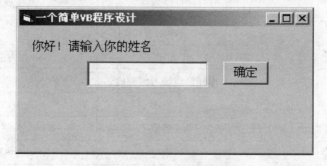

图 2.2 程序运行后初始界面

分　析

本界面设计用到了三个 Visual Basic 基本控件,即命令按钮、标签和文本框,这三个基本控件是 Visual Basic 程序设计中使用最多的控件。

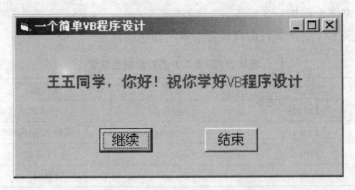

图 2.3　单击窗体后的程序界面

实训步骤

(1) 建立一个新的工程文件
(2) 添加对象

根据题目要求,在窗体界面上拖放两个标签、一个文本框、三个命令按钮。按表 2.2 设置对象的相关属性。

表 2.2　各对象控件的属性设置

对象默认名	设置对象名称 ("Name"属性)	标题属性	其他属性
Form1	使用对象默认名	一个简单的 VB 程序	
Text1		无定义	Text 为空串
Label1		你好!请输入你的姓名	
Label2		空串	AutoSize=True,Visible=False
Command1		确定	
Command2		继续	Visible=False
Command3		结束	Visible=False

(3) 程序界面设计

按表 2.2 设置好控件属性,并调整好各控件的位置,如图 2.4 所示。这样便初步完成了应用程序的界面设计。

通过按 F5 键或选择"运行"菜单的"启动"命令或单击工具栏中的"运行"按钮,查看运行界面,如图 2.5 所示。此时程序不能响应用户的操作,还需要编写相关事件的代码。

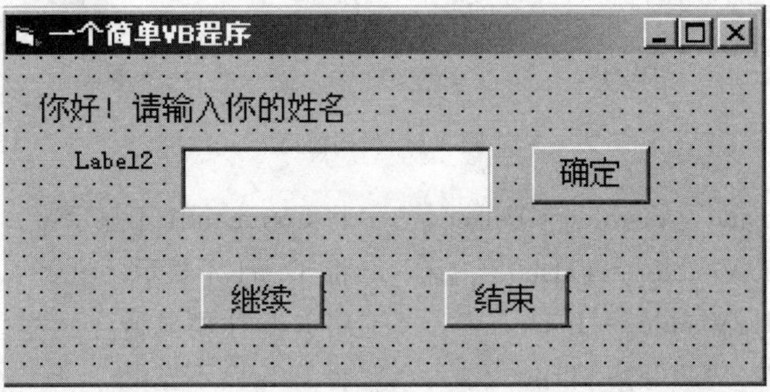

图 2.4 程序的界面设计

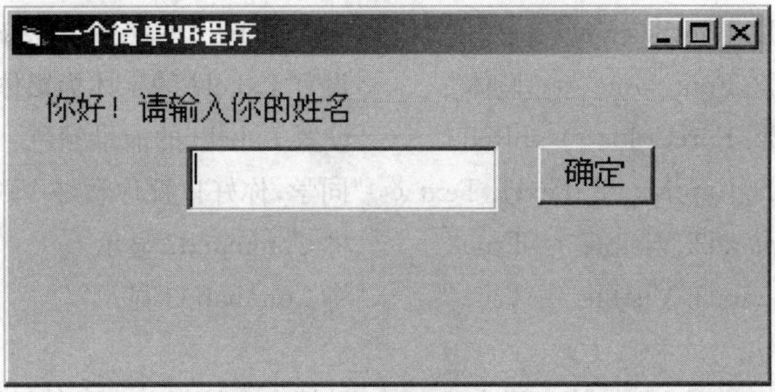

图 2.5 程序运行最初界面

(4) 编写相关事件的代码

在设计窗口双击命令按钮进入代码编辑窗口编写程序代码,或通过"资源管理窗口"的"查看代码"按钮也可以进入代码窗口。单击"选择对象"下拉列表框的下拉按钮,从中选择"Command1"对象,再从"选择事件"下拉列表框中选择"Click"事件,则在代码窗口中会出现事件过程的框架,如图 2.6 所示。

在命令按钮的单击事件中写入如下代码:

Private Sub Command1_Click()   '确定命令按钮单击事件过程

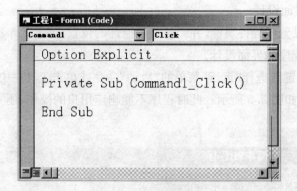

图 2.6 代码窗口

```
    Command1.Visible = False        '将 Command1 不显示
    Text1.Visible = False           '将 Text1 不显示
    Label1.Visible = False          '将 Label1 不显示
    Label2.Visible = True           '将 Label2 不显示
    Label2.AutoSize = True          '将 Label2 设置为自动改变大小,以适应
                                    '显示的文字
    Label2.FontSize = 12            '设置 Label2 的字体为 12 磅
    Label2.FontName = "黑体"        '设置 Label2 的字体为黑体
    Label2.ForeColor = vbRed        '设置 Label2 的前景颜色
    Label2.Caption = Text1.Text & "同学,你好! 祝你学好 VB 程序设计"
    Command2.Visible = True         '将 Command2 显示
    Command3.Visible = True         '将 Command3 显示
End Sub
Private Sub Command2_Click()        '继续命令按钮单击事件过程
    Command2.Visible = False
    Command3.Visible = False
    Label1.Visible = True
    Label2.Visible = False
    Command1.Visible = True
    Text1.Visible = True
End Sub
Private Sub Command3_Click()        '结束命令按钮单击事件过程
```

End
End Sub

(5) 保存工程

使用"文件"菜单中的"保存工程"命令,或者单击工具栏上的"保存"按钮。对本例而言,是保存包括窗体文件 *.frm 的工程文件 *.vbp。如果是第一次保存文件,Visual Basic 系统会出现"文件另存为"对话框,如图 2.7 所示,要求用户选择保存文件位置和输入文件名。

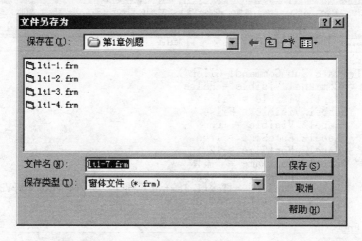

图 2.7 保存工程

(6) 运行、调试程序

选择"运行"菜单的"启动"或按 F5 键或单击工具栏的"运行"按钮,则进入运行状态,单击"显示"按钮,如果程序代码没有错,就得到如图 2.2 所示的界面,若程序代码有错,如将"Text1"错写成"Txet1",则出现如图 2.8 所示的信息对话框。

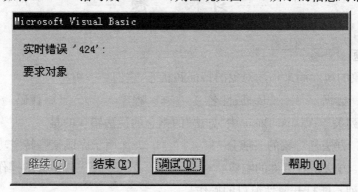

图 2.8 程序运行出错时的对话框

这里有三种选择：

① 单击"结束"按钮，则结束程序运行，回到设计工作模式，从代码窗口去修改错误的代码。

② 单击"调试"按钮，进入中断工作模式，此时出现代码窗口，光标停在有错误的行上，并用黄色显示错误行，如图 2.9 所示。修改完错误后，可按 F5 键或单击工具栏上的"运行"按钮继续运行。

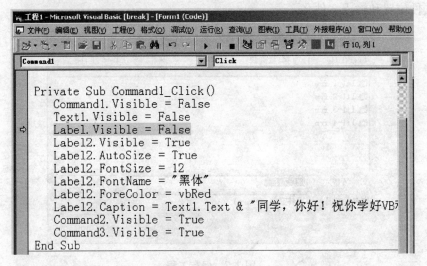

图 2.9　中断工作模式

③ 单击"帮助"可获得系统的详细帮助。

运行调试程序，直到满意为止，再次保存修改后的程序。

一、选择题

1. 对象的属性用来描述对象的特征和状态，它们是一组_____。

　　A. 数据　　　　B. 属性名　　　C. 程序　　　　D. 代码

2. 下列关于 Visual Basic 中"方法"的概念的说法错误的是_____。

　　A. 方法是对象的一部分　　　　B. 方法用于完成某些特定功能

　　C. 方法是对事件的响应　　　　D. 方法是预先规定好的操作

3. 下列不能打开属性窗口的操作是_____。

　　A. 选择"视图"菜单中的"属性窗口"命令

B. 按 F4 键

C. 单击工具栏上的"属性窗口"按钮

D. 按 Ctrl+T

4. 下面不属于 VB 工作状态的是_____。

    A. 设计   B. 运行   C. 编译   D. 中断

5. 在 VB 中要获取上下文相关帮助,只需将光标定位在相应位置,再按_____键即可。

    A. F1   B. F2   C. F3   D. F4

6. 对于具有背景色的对象,改变其背景色是通过改变对象的_____属性实现的。

    A. Font   B. BackColor   C. ForeColor   D. Caption

7. 下列说法正确的是_____。

    A. 窗体的属性包括 Name、Caption、Height、Visible、Paint 等

    B. 窗体是 Visual Basic 的一个控件

    C. 窗体的所有属性都可以在运行阶段设置

    D. 窗体相当于一个容器,可以将其他控件放在其上

8. 下列关于属性方法、事件概念的描述错误的是_____。

    A. 一个方法隶属于一个对象

    B. 一个属性总是与某一个对象相关

    C. 一个事件总是与某一个对象相关

    D. 事件由对象触发,而方法是对事件的响应

9. VB 程序运行时,单击窗体可将窗体的前景色设为红色的代码段是_____。(多选)

    A. Private Sub Form1_Click()

        Form1.BackColor=vbRed

      End Sub

    B. Private Sub Form1_Click()

        Form1.ForeColor=vbRed

      End Sub

    C. Private Sub Form1_Click()

        BackColor=vbRed

      End Sub

D. Private Sub Form1_Click()
　　　　　ForeColor＝vbRed
　　　End Sub

10. 在窗体设计阶段，双击窗体 Form1 的空白处，可打开代码窗口，并显示_____事件的过程头和过程尾。
　　A. Form_Click　　B. Form1_Click　　C. Form_Load　　D. Form1_Load

11. VB 的对象是将数据和程序_____起来的实体。
　　A. 封装　　　B. 串接　　　C. 链接　　　D. 伪装

12. 事件过程是指_____时所执行的代码。
　　A. 运行程序　　B. 使用控件　　C. 设置属性　　D. 响应事件

13. 修改控件属性，一般可以使用属性窗口，也可以通过_____为属性赋值。
　　A. 命令　　　B. 对象　　　C. 方法　　　D. 代码

二、填空题

1. VB 用于开发_____环境下的应用程序。

2. VB 6.0 有_____、_____、_____三种版本。其中，_____版功能最强大。

3. 属性窗口的功能是_____。

4. OOP 的含义是_____。

5. 在 VB 的"运行"菜单中选择"启动"命令，这个操作可以用快捷键_____来代替。

6. 在 VB 中，修改窗体的_____和_____属性值，可改变窗体的大小。

7. 如果要在双击窗体时执行一段代码，应将这段代码写在窗体的_____事件过程中。

8. 双击工具箱中的控件图标，可在窗体的_____出现一个尺寸为缺省值的控件。

9. 要同时选定窗体上的多个控件，可以按住_____或_____键，然后依次单击窗体上的各控件。

10. 在代码窗口中输入某行代码并按回车键之后，如果代码变成_____颜色，说明该行代码有语法错误。

三、问答题

1. 什么是可视化编程和事件驱动？

2. 对象、事件和方法三者之间的关系如何？
3. 属性和方法有何区别和联系？

四、设计题

1. 在名称为 Form1 的窗体上建立一个名称为 Cmd1，标题为"显示"的命令按钮，编写适当的事件过程。程序运行后，如果单击"显示"命令按钮，则在窗体上显示"等级考试"，如图 2.10 所示。程序中不能使用任何变量，直接显示字符串。

图 2.10 显示"等级考试"

2. 设计一个窗体，其中有"改变窗体高度"、"改变窗体宽度"和"改变窗体颜色"按钮，程序要求如下：

① 单击窗体时，在窗体上出现"请单击命令按钮"，如图 2.11 所示。

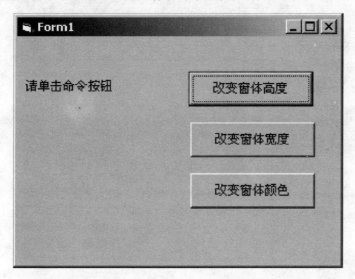

图 2.11 单击命令按钮

② 单击"改变窗体高度"按钮，可使当前窗体的高度减少 400。
③ 单击"改变窗体宽度"按钮，可使当前窗体的宽度减少 400。
④ 单击"改变窗体颜色"按钮，可将当前窗体的背景色设置为黄色。
⑤ 窗体文件保存为 exerl2.frm，工程文件保存为 exerl2.vbp。

第 3 章 Visual Basic 程序设计基础实训与习题

―― 实 训 目 的 ――

① 掌握数据类型、表达式以及赋值语句的书写规则。
② 掌握常用内部函数的使用方法。
③ 掌握单分支与双分支条件语句的使用方法。
④ 掌握循环语句 For、Do 以及 While 的使用方法。

―― 实 训 内 容 ――

 实训 3.1

编写一个应用程序,初始界面如图 3.1 所示。程序运行时,单击"开始"按钮,弹出如图 3.2 所示的对话框,要求用户输入一个任意的角度值,单击"确定"按钮后程序根据输入的数据将相关的三角函数值按一定的格式输出到窗体上。程序的运行结果如图 3.3 所示。

图 3.1 实训 3.1 的程序初始界面

图 3.2 "角度输入"对话框

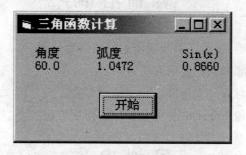

图 3.3 实训 3.1 的运行结果

实训步骤

① 启动 Visual Basic 6.0 后,创建一个"标准 EXE"应用程序,进入程序编辑状态。

② 修改窗体的尺寸,并将窗体的 Caption 属性值设为"三角函数计算",再向窗体 Form1 中增加一个命令按钮控件(Command1),并将其 Caption 属性设为"开始"。

③ 双击命令按钮 Command1,进入代码编辑窗口。编写 Command1 的单击事件过程如下:

```
Private Sub Command1_Click()
    Dim x As Single, a As Single
    x = Val(InputBox("请输入一角度的度数值","角度输入"))
    a = 3.1415926 / 180 *          '将度数转换为弧度
    Print
    Print Tab(4);"角度";Tab(14);"弧度";Tab(28);"Sin(x)"
                                    '输出表头
```

第3章　Visual Basic 程序设计基础实训与习题　　　　　　　　　　　　　　21

　　　　Print Tab(4); Format(x, "###.0"); Tab(14); _
　　　　Format(a, "0.0000"); Tab(28); Format(Sin(a), "0.0000")
　　　　　　　　　　　　　　'续行,输出计算结果
　　End Sub

④ 输入以上程序后,单击工具栏中的启动按钮 ▶ 或按 F5 键运行程序。如果程序编写正确,单击"开始"按钮后,就会出现如图 3.2 所示的输入数据提示框。输入数据后,单击"确定"按钮,便得到如图 3.3 所示的结果。若要结束程序的运行,可以单击工具栏上的结束运行按钮 ■。

注意事项

① 在输入程序时,要特别注意程序中起分界符作用的括号、双引号、分号、逗号等均必须使用西文符号。一般情况下,中文字符(包括中文标点符号)只能用于给字符串或对象名赋值。

② InputBox 函数的返回值类型是字符型,所以在程序中用 Val( )函数将其转换为数值型数据后,再赋值给变量 a。

③ Visual Basic 中所有的三角函数的参数(自变量)均要求使用弧度值,不能直接用度数代入计算。

④ 如果某条语句太长,可以使用续行符"_"(一个空格紧跟一下划线)将其分为多行书写。

⑤ Print 语句与 Tab( )、Format( )函数联合使用可以使得输出的数据整齐美观。在调试程序时,可以比较一下不使用这两个函数的输出效果。

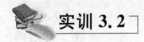
实训 3.2

编写一个应用程序,初始界面如图 3.4 所示。程序运行时,单击"开始"按钮,

图 3.4　实训 3.2 的程序初始界面

弹出如图 3.5 所示的对话框,要求用户输入一个任意整数,程序自动判断其奇偶性,程序运行实例如图 3.6 所示。

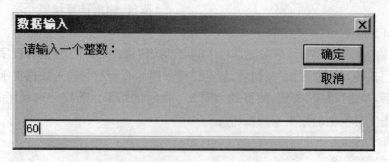

图 3.5 "数据输入"对话框

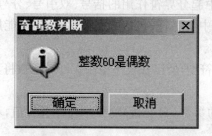 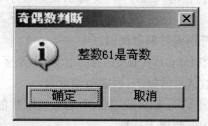

图 3.6 实训 3.2 的程序运行结果

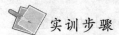 实训步骤

① 启动 Visual Basic 6.0 后,创建一个"标准 EXE"应用程序,进入程序编辑状态。

② 修改窗体的尺寸,并把窗体的 Caption 属性值设为"判断奇偶数",然后向窗体 Form1 中增加一个命令按钮控件(Command1),并将其 Caption 属性设为"开始"。

③ 双击命令按钮 Command1,进入代码编辑窗口。编写 Command1 的单击事件过程如下:

```
Private Sub Command1_Click()
    Dim x As Integer
    x = Val(InputBox("请输入一个整数:", "数据输入"))
    If x / 2 = Int(x / 2) Then              '判断条件语句
        a$ = "整数" & x & "是偶数"
```

```
            Else
                a$ = "整数" & x & "是奇数"
            End If
            MsgBox a$,65,"奇偶数判断"
        End Sub
```

注意事项

① 程序中的判断语句也可以写成"If x Mod 2 = 0 Then"。
② InputBox 函数的返回值类型是字符型,所以在程序中又用 Val( )函数将其转换为数值型数据后,再赋值给整型变量 x。

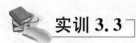
实训 3.3

用泰勒级数计算 e=1+1/1！+1/2！+1/3！+…,当第 I 项的值小于 10^{-5} 时结束。

分　析

每一项的分母自动加 1,再求阶乘,最后相加即可得到所要的结果。循环结束条件为最后一项小于 10^{-5},一般给定结束条件用 Do 循环来实现。

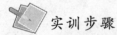
实训步骤

① 启动 Visual Basic 6.0,建立一个新的工程。
② 建立新的窗体,并设置窗体的对象,如图 3.7 所示。

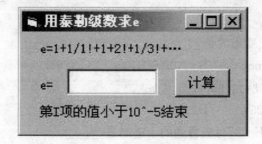

图 3.7　求 e 程序界面

对窗体上的对象进行属性设置，如表 3.1 所示。

表 3.1 属性设置

对象	属性	属性值
Form1	Caption	用泰勒级数求 e
Label1	Caption	e=1+1/1! +1/2! +1/3! +…
Label2	Caption	e=
Label3	Caption	第 I 项的值小于 10^{-5} 结束
Command1	Caption	空
Text1	Text	计算

③ 编写程序代码。

```
Dim f As Single, y As Single, i As Single
Private Sub Command1_Click()
    f = 1: y = 1: i = 1
    Do
        y = y / i                '求出每一项的表达式值
        f = f + y                '求出累加和
        i = i + 1                '实现每一项的分母自动加 1
    Loop Until y < 10 ^ -5       '直到最后一项小于 10^-5 时结束
    Text1.Text = Str(f)
End Sub
```

一、选择题

1. 下列是合法变量的是_____。
   A. Filename　　B. A(A+B)　　C. 254D　　D. Print
2. 下列是 VB 所允许的数是_____。
   A. 10^(1.25)　　B. D32　　C. 12E　　D. ±2.5
3. 数"8.6787E+8"写成普通的十进制是_____。
   A. 86787000　　B. 867870000　　C. 8678700　　D. 8678700000
4. 语句 Print 5 * 5\5/5 的输出结果是_____。

A. 5   B. 25   C. 0   D. 1
5. 表达式 4＋5\6＊7/8 Mod 9 的值是_____。
   A. 4   B. 5   C. 6   D. 7
6. 执行以下程序段后,变量 c$ 的值为_____。
a$="Visual Basic Programming"
b$="Quick"
c$=b$ & Ucase(Mid$(a$,7,6)) & Right$(a$,11)
   A. Visual BASIC Programming   B. Quick BASIC Programming
   C. QUICK Basic Programming   D. QUICK BASIC Programming
7. 执行下面的语句后,所产生的信息框的标题是_____。
a = MsgBox("AAA",,"BBBB")
   A. BBBB   B. AAA
   C. 空   D. 出错,不能产生消息框
8. 下列哪一个函数能将 3.6 转为 4 _____。
   A. int(3.6)   B. fix(3.6)   C. cint(3.6)   D. round(3.6,1)

二、填空题

1. 写出下列常量的数据类型:
   45 _____ "45" _____ 4.5D+2 _____ 4.5E2 _____
2. 指出下列变量的类型:
   min _____ max! _____ i% _____ str$ _____
   Count% _____ Area# _____
3. 指出下列合法的变量名是_____。
Integer, _Student, 4r, $test, Use, β, 变量, Book/No, Stu. No
4. VB 中,字符串常量的分界符是_____,日期/时间型常量的分界符是_____。
5. 执行下列语句,输出的结果是_____。
a$ = "Good "
b$ = "Morning"
Print a$+chr(13)+b$
6. 窗体的单击事件中有如下代码:
Private Sub Form1_Click( )
    Static x as integer

x=x+1
Print x
End Sub

运行该程序,单击窗体两次,窗体上显示的内容是_____。

7. 用 VB 语言的表达式正确描述下列命题：

a 小于 b 或小于 c　　　　_____

a 和 b 中有一个小于 c　　_____

a 是奇数　　　　　　　　_____

a 不能被 b 整除　　　　　_____

8. InputBox 函数返回值的数据类型为_____;MsgBox 函数返回值的数据类型为_____。

三、问答题

1. 整型与长整型、单精度与双精度的区别在哪里？

2. 何为常量和变量？什么情况下宜用常量？什么情况下宜用变量？

3. 写出下列函数的值。

① ABS(−2)　　　　　　② INT(17.8)

③ SQR(36)　　　　　　④ INT(SGN(−3.8))

⑤ EXP(FIX(0.23))　　　⑥ LEN("I am a student!")

⑦ LEFT$("ABCD",2)　　⑧ STR(24.5)

⑨ CHR(87)

4. 将下列数值表达式写成 VB 表达式。

① $a+\dfrac{b}{2c}$　　　　　　② $3x \cdot 4\cos x$

③ $\sqrt{b^2-4ac}$　　　　　④ $8e^x \cdot \ln 2$

⑤ $\dfrac{-b+\sqrt{b^2-4ac}}{2a}$　　⑥ $(\cos^2 x+\sin^2 x)\div\sqrt{n+m}$

⑦ $\dfrac{x^2+y^2}{2a^2}$　　　　　⑧ $\dfrac{\sin x+\cos x}{2}+\dfrac{\sin x-\cos x}{2}$

⑨ $\sqrt[3]{x}\cdot\sqrt[4]{y}$

5. 设 a=3,b=5,c=−1,d=7,写出下列关系表达式与逻辑表达式的值。

① a+b>c+d　　　　　　② a<=d−c

③ a>0 AND c>0　　　　④ NOT b+d=12

⑤ a+c<b OR b+c<>d　　⑥ (a−b>=c)AND(a+b>=d)

⑦ NOT a<=c OR 4 * c=b^2 AND d<>a+c

四、设计题

1. 编写窗体的单击事件代码,求一任意三角形的面积,三角形的三条边 a、b、c 通过 InputBox 函数输入,计算的结果放入变量 s 中,并以消息框的形式输出。

注:任意三角形的面积公式 $s=\sqrt{t(t-a)(t-b)(t-c)}$, $t=(a+b+c)/2$。

2. 编写一段代码,求一个给定圆的周长和面积。要求:

① 圆的半径 r 利用 InputBox 函数从键盘任意输入(r>0)。

② 圆周率定义为符号常量。

③ 利用赋值语句将求出的周长和面积赋给变量 l 和 s。

④ 用 Print 方法输出详细结果。

3. 编写窗体的单击事件代码,在窗体上显示如下的图形:

```
   A
  AAA
 AAAAA
AAAAAAA
```

第 4 章　窗体设计实训与习题

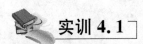

① 掌握窗体的常用属性、方法以及事件。
② 掌握简单多文档窗体应用程序的创建。

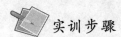

实训 4.1

编程实现:程序开始运行时,窗体上的文本框显示"欢迎使用我的 VB 程序";当用户单击(Click)窗体 Form1 时,文本框显示"你单击了窗体";用户双击(DblClick)窗体 Form1 时,文本框显示"你双击了窗体",如图 4.1 所示。

实训步骤

① 建立一个新工程,在窗体上添加一个文本框控件 Text1,并将其 Height 属性设为 700,Width 属性设为 3300,然后通过 Font 属性将字体设为宋体、三号字。
② 编写窗体的 Form1_Load 事件过程代码:
Private Sub Form1_Load()
　　Text1.Text = "欢迎使用我的 VB 程序"
End Sub
③ 编写窗体的 Click 事件过程代码:
Private Sub Form1_Click()
　　Text1.Text = "你单击了窗体"
End Sub
④ 编写窗体的 DblClick 事件过程代码:

```
Private Sub Form1_DblClick()
    Text1.Text = "你双击了窗体"
End Sub
```
⑤ 调试、运行程序。

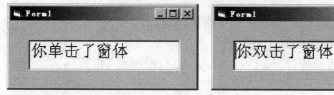

图 4.1　实训 4.1 的程序运行界面

本实训的目的是理解窗体的装载(Form_Load)、单击(Click)和双击(DlbClick)事件。

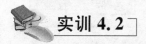

创建一个应用程序,其用户登录界面如图 4.2 所示,要求用户输入姓名。当用户输入姓名并单击"确定"按钮后,系统会弹出如图 4.3 所示的欢迎界面。

图 4.2　应用程序界面

 实训步骤

① 建立一个新工程,在窗体上添加两个标签、一个文本框和一个命令按钮,并参考图4.2设置有关对象的属性。

② 双击窗体进入代码编辑窗口,编写窗体装载事件过程。该过程的作用是:程序开始运行时,首先清空文本框中的文字,便于用户输入。

Private Sub Form1_Load()
    Text1.Text = ""
End Sub

③ 编写命令按钮 Command1 的单击事件过程:

Private Sub Command1_Click()
    MsgBox "欢迎你:" & Text1.Text & "同学!", vbOKOnly, "实训 2.3"
End Sub

④ 调试、运行程序,其运行结果如图4.3所示。

图4.3　实训4.2的程序运行结果

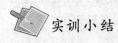 实训小结

① 消息框 MsgBox 常用于在程序运行过程中显示一些提示性的消息。它有两种用法:语句方式和函数方式,上述程序中使用的是语句方式,如果使用函数方式,则应写成:

Dim a As Integer
    a=MsgBox("欢迎你:" & Text1.Text & "同学!", vbOKOnly, "实训 2.3")

② 程序运行时,当用户单击"确定"按钮后,变量a得到整型值1。使用语句方式时,没有返回值。

实训 4.3

设计如图 4.4 所示的 MDI 窗体界面,利用菜单可分别显示子窗体。

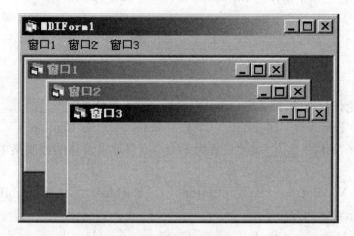

图 4.4　MDI 窗体界面

 实训步骤

① 建立一个新的工程文件。

② 添加一个 MDI 窗体,再添加两个窗体(加上新建工程时创建的一个窗体,共三个窗体,作为子窗体)。

③ 设置三个子窗体的 MDIChild 属性值为 True。

④ 在 MDI 窗体上建立菜单。

⑤ 给菜单项添加代码:

Private Sub 窗口1_Click()

　　Form1. Show

End Sub

Private Sub 窗口2_Click()

　　Form2. Show

End Sub

Private Sub 窗口3_Click()

　　Form3. Show

End Sub

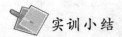 实训小结

读者可以分析单文档应用程序和多文档应用程序建立方式的异同,在本例中需要注意的是三个子窗体的 MDIChild 属性应全部设为 True。

习　题

一、选择题

1. 无论任何控件,都具有一个共同属性。这个属性是_____。
   A. Text　　　B. Font　　　C. Name　　　D. Caption
2. 若将窗体的_____属性设置为 False,则将取消窗体的控制菜单和所有的控制按钮。
   A. MaxButton　B. MinButton　C. Enabled　　D. ControlBox
3. 显示窗体的方法是_____。
   A. Hide　　　B. Refresh　　C. Show　　　D. Cls
4. _____属性用于显示标签内容。
   A. AutoSize　B. Caption　　C. BorderStyle　D. BackStyle
5. _____属性用来设置当鼠标在按钮上停留时显示的文字。
   A. Cancel　　B. Default　　C. Style　　　D. ToolTipText
6. 当键盘按键时,触发_____事件。
   A. Click　　B. KeyPress　C. MouseDown　D. MouseMove
7. 可以使用_____属性设置或返回列表中当前选项的文本内容。
   A. List 或 Text　　　　　B. ListCount 或 ListIndex
   C. Selected　　　　　　D. Style
8. 向组合框控件添加项目的方法是_____。
   A. Click　　B. Clear　　　C. AddItem　　D. RemoveItem
9. 滚动条的常用事件是_____。
   A. Change　　B. Scroll　　C. LargeChange　D. Value
10. 为了使计数器控件每隔 5 秒钟产生一个计时器事件,应将其 Interval 属性设置为_____。
    A. 5　　　　B. 500　　　 C. 300　　　　D. 5000

二、填空题

1. 建立一个新的工程文件,创建第一个窗体时,窗体的缺省名为_____。

2. 窗体的 Caption 属性值是在_____显示的文本。

3. _____事件是在窗体被装载时发生,_____事件是当窗体关闭(删除)时发生。

4. _____属性设置标签内容在标签框的对齐方式。

5. _____属性值是文本框中包含的文本内容。

6. 使文本框 Text1 获得焦点的代码是_____。

7. 单选钮的 Value 属性值为_____和_____,缺省为_____。

8. 在框架内添加控件时,必须先_____框架,再向框架内添加其他控件。

9. 列表框 List 数组的下标是从_____开始的,如果未选中任何项,则 ListIndex 的值为_____。

10. 组合框有_____、_____、_____三种不同的类型。

11. 返回或设置滚动条的当前位置是_____属性,其值在 Max 和 Min 属性值之间。

12. 定时器的 Interval 属性以_____为单位,运行时_____显示。

13. MDI 窗体由_____个父窗体和_____子窗体组成。

14. 公用对话框控件可在窗体上创建_____种标准对话框,常用方法是_____。

三、设计题

1. 从键盘上输入字符时,在窗体上显示出所输入的字符和该字符的 ASCII 码值,如图 4.5 所示。双击窗体时,清除窗体上显示的文字。

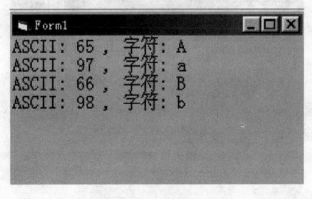

图 4.5　清除窗体文字

2. 设计窗体,如图 4.6 所示。输入两个数,根据不同运算符计算结果。

提示:将选项按钮 Option1 定义成控件数组,编写其 Click 事件代码,编程时使用 Select Case Index(0～6)语句进行。

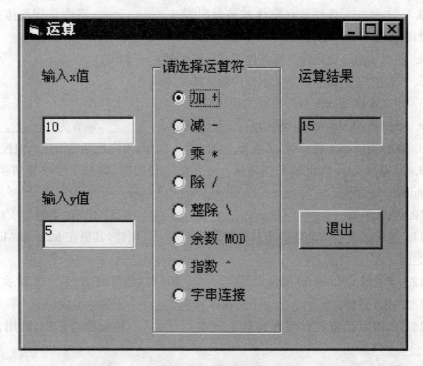

图 4.6 简单运算

3. 设计一个如图 4.7 所示的数字表,显示当前日期、时间以及上午或下午。

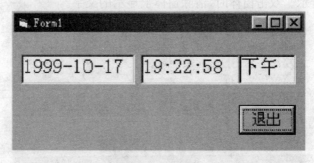

图 4.7 数字表

第 5 章 常用控件实训与习题

—— 实训目的 ——

① 掌握常用控件的常用属性、重要事件和基本方法。
② 熟练掌握窗体和控件的事件过程代码的编写。
③ 初步掌握建立基于图形用户界面的应用程序的方法。

—— 实训内容 ——

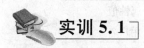

设计一个如图 5.1 所示的登录界面,在两个文本框输入内容后,单击"登陆"按钮,用标签显示相应的提示信息(标签底色发生变化)。

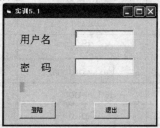

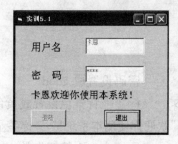
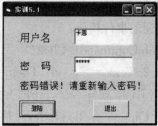

图 5.1 登录界面(命令按钮、标签与文本框的运用)

分 析

单击"登陆"按钮,根据密码框中的密码正确与否而在标签中显示不同的内容,即用两个文本框内的内容来改变标签的 Caption 属性值;"登陆"按钮的 Click 事件中必定存在一个判断语句来判断密码框中的内容;为了使标签内容的显示比较饱满和清楚,标签的 AutoSize 属性设为 True,背景色 BackColor = &HFFFF&(黄色),其他颜色可以随意设定。密码框 Text2 的 Passwordchar 属性设为 *。

 实训步骤

① 建立一个新的工程文件。
② 在窗体上添加三个标签、两个文本框、两个命令按钮。
③ 按表 5.1 通过属性窗口设置对象的初始属性。

表 5.1 实训 5.1 的对象属性设置

对象	属性	属性值
Label1	Caption	用户名
Label2	Caption	密 码
Label3	Caption	
	AutoSize	True
Text1	Text	
Text2	Text	
	Passwordchar	*
Command1	Caption	登陆
Command2	Caption	退出

④ 添加代码。
"登陆"按钮的事件代码:
Private Sub Command1_Click()
    If Text2.Text = "good" Then   '密码设置成 good
    Label3.BackColor = &HFFFF&   '标签框背景色设置成黄色
    Label3.Caption = Text1.Text + "欢迎你使用本系统!" '标签显示的内容
    Command1.Enabled = False   'Command1 按钮失效
    Text1.Enabled = False   'Text1,Text2 处于不可输入状态

第 5 章　常用控件实训与习题　　　　　　　　　　　　　　　　　　　　　37

  Text2. Enabled = False
 Else
  Label3. BackColor = &HFFFF&
  Label3. Caption = "密码错误！请重新输入密码！"
 End If
End Sub
"退出"按钮的事件代码：
Private Sub Command2_Click()
 End
End Sub
⑤ 保存、运行、调试程序。

 实训小结

 ① 密码框输入密码方可登陆，为了防止无密码也能登陆的情况，必须对密码框(Text2)有所判断，在无密码输入的情况下直接按"登陆"按钮会有"用户请输入密码"的提示。我们可以把这个判断语句写在"登陆"按钮的 Click 事件中，也可以在文本框的按键事件 KeyPress 中添加判断代码。

 ② 在第一个文本框中输入内容后，习惯按回车键结束输入，并将插入点光标置于下一个文本框，但这一功能文本框不能直接实现。要实现该功能应在第一个文本框的 KeyPress 事件中判断输入的字符是不是 Enter 键，如果是，则使第二个文本框获得焦点。同理，在第二个文本框的 KeyPress 事件中判断，如果按Enter键，则使"登陆"按钮获得焦点。

 ③ 鉴于以上两点，该程序可在原来的基础上进行改进：
Private Sub Text1_KeyPress(KeyAscii As Integer)
 If KeyAscii = 13 Then　　　　'如果按了 Enter 键
  Text2. SetFocus　　　　　'将插入点光标置于第二个文本框
 End If
End Sub
Private Sub Text2_KeyPress(KeyAscii As Integer)
 If KeyAscii = 13 Then
  If Text2. Text = "" Then
   MsgBox ("请输入密码")

```
        End If
        Command1.SetFocus
    End If
End Sub
```
其结果如图 5.2 所示。

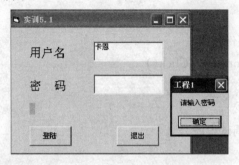

图 5.2　键盘事件的运用和密码框为空的提示

实训 5.2

设计如图 5.3 所示的程序界面,要求程序实现:选择取值范围和统计方式后,单击"统计"按钮即可显示统计结果,单击"清除"按钮可清除显示的内容。

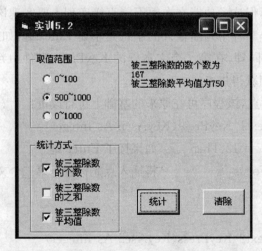

图 5.3　实训 5.2 的被三整除的数统计界面
（单选按钮、复选框及框架运用）

 分　析

本实训主要是练习对单选按钮和复选框的运用和掌握,以及对单选和复选的条件的设置。编写被三整除的算法代码时,可以运用变量 n、m 来代表取值的范围,根据取值范围来筛选被三整除的数。

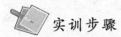 实训步骤

① 建立一个新的工程文件。
② 在窗体上添加两个命令按钮、两个框架、一个标签,在第一个框架中添加三个单选按钮,在第二个框架中添加三个复选框。
③ 在属性窗口按表 5.2 设置对象的属性。

表 5.2　实训 5.2 的对象属性设置

对象	属性	属性值
Frame1	Caption	取值范围
Frame2	Caption	统计方式
Option1	Caption	0～100
Option2	Caption	500～1000
Option3	Caption	0～1000
Check1	Caption	被三整除数的个数
Check2	Caption	被三整除数的和
Check3	Caption	被三整除数的平均值
Command1	Caption	统计
Command2	Caption	清除

④ 添加代码。
"统计"按钮的代码:
Private Sub Command1_Click()
　　If Option1.Value = True Then

```
    n = 0: m = 100
ElseIf Option2.Value = True Then
    n = 500: m = 1000
Else
    n = 0: m = 1000
End If
For i = n To m
    If i Mod 3 = 0 Then
    s = s + i           '统计其和
    c = c + 1           '统计个数
    End If
Next i
If Check1.Value = 1 Then
Label1.Caption = Label1.Caption & "被三整除数的数之和为"&c
End If
If Check2.Value = 1 Then
Label1.Caption = Label1.Caption & vbCrLf & "被三整除数的数个数为"&s
End If
If Check3.Value = 1 Then
Label1.Caption = Label1.Caption & vbCrLf & "被三整除数平均值为"& s/c
End If
End Sub
```
"清除"按钮的代码:
```
Private Sub Command2_Click()
    Label1.Caption = ""
End Sub
```

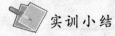 实训小结

① 单选按钮的 Value 属性值为逻辑型,复选框的 Value 属性值为数值型,在编写代码时注意区别。

② 熟练掌握分支结构和循环结构,可以延续本实例,以算素数、质数、奇数、偶数等来练习本实训。

③ 可以考虑运用单选、复选框按钮来实现模拟考试中的单选和多选题的编制。

实训 5.3

设计如图 5.4 所示的程序界面,要求程序实现:从列表框中选出地名,在 Image 中出现相应的图片,可以通过滚动条来调节图片的大小。

图 5.4　实训 5.3 的图片选择和调节尺寸界面
(图像框、列表、滚动条的运用)

运用单击事件(List1_Click())来实现列表框各选项对应的图片的显示,并且可以控制滚动条来改变图片的大小,这里必须使滚动条的 value 赋予图像的长和高。

 实训步骤

① 建立一个新的工程文件。
② 在窗体上添加两个标签、一个横滚动条、一个纵滚动条、一个列表框、一个图像框。
③ 在属性窗口按表 5.3 设置对象的属性。

表 5.3 实训 5.3 的对象属性设置

对象	属性	属性值
Label1	Caption	北京名胜
Label2	Caption	
	Autosize	ture
List1	Caption	
Image1	Appearance	1-3D
	BorderStyle	1-fixed single
HScroll1	Max	2000
VScroll1	Max	2000

④ 添加代码。

```
Private Sub Form1_Load()
    List1.AddItem "北海"
    List1.AddItem "长城"
    List1.AddItem "故宫"
    List1.AddItem "十三陵"
    List1.AddItem "天坛"
    List1.AddItem "颐和园"
    List1.AddItem "圆明园"
End Sub
```

列表框添加代码：

```
Private Sub List1_Click()
    ChDrive App.Path    '设置图片当前路径
    ChDir App.Path
    Select Case List1.ListIndex
    Case 0
    Image1.Picture = LoadPicture("北海.jpg")
    Label2.Caption = "北海"
    Case 1
    Image1.Picture = LoadPicture("长城.jpg")
    Label2.Caption = "长城"
    Case 2
```

```
        Image1.Picture = LoadPicture("故宫.jpg")
        Label2.Caption = "故宫"
    Case 3
        Image1.Picture = LoadPicture("十三陵.jpg")
        Label2.Caption = "十三陵"
    Case 4
        Image1.Picture = LoadPicture("天坛.jpg")
        Label2.Caption = "天坛"
    Case 5
        Image1.Picture = LoadPicture("颐和园.jpg")
        Label2.Caption = "颐和园"
    Case 6
        Image1.Picture = LoadPicture("圆明园.jpg")
        Label2.Caption = "圆明园"
    End Select
End Sub
```
水平滚动条的 Change 事件代码：
```
Private Sub HScroll1_Change()
    Image1.Width = HScroll1.Value
End Sub
```
水平滚动条的 Scroll 事件代码：
```
Private Sub HScroll1_Scroll()
    Image1.Width = HScroll1.Value
End Sub
```
垂直滚动条的 Scroll 事件代码：
```
Private Sub VScroll1_Scroll()
    Image1.Height = VScroll1.Value
End Sub
```
垂直滚动条的 Change 事件代码：
```
Private Sub VScroll1_Change()
    Image1.Height = VScroll1.Value
End Sub
```

 实训小结

① 本实训综合演示滚动条、列表框和图像框控件的用法。滚动条的用法很多,在本实训中只是用来改变图片的尺寸大小,可以考虑滚动条在其他方面的运用,比如可以运用滚动条来实现鼠标坐标的标尺显示,也可以运用于表现当前数值、调节数值等。

② 本实训中运用到 ChDrive App. Path 和 ChDir App. Path 来设置图片当前路径,试想下如果没有用到这两个命令,LoadPicture 后面路径应该怎么写? 如果将程序打包给另外一台机器运行该程序,能否正确显示图片? 运用 ChDrive App. Path 和 ChDir App. Path 的好处是什么?

 实训 5.4

设计如图 5.5 所示的程序界面,要求程序实现:通过三个组合框来调节小车行驶的速度、步长和状态。

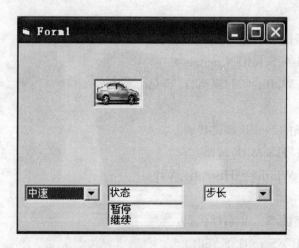

图 5.5 实训 5.4 的小车行使状态调节界面
(组合框、图片框、时钟控件的使用)

 分 析

小车的移动即 Picture1 的移动,实现移动就是使 Picture1 的 Left 坐标不断变大,可以运用 Picture1. Left = Picture1. Left + b(其中 b 为一个固定的值)来完成

移动。该段代码添加在 Timer1 时钟控件的 Timer 事件中。

 实训步骤

① 建立一个新的工程文件。
② 在窗体上添加三个组合框、一个图片框、一个时钟控件。
③ 在属性窗口按表 5.4 设置对象的属性。

表 5.4 实训 5.4 的对象属性设置

对象	属性	属性值
Image1	Picture	加载一个小车图片
Combo1	Style	2-dropdown list
Combo2	Text	状态
	Style	1-simple combo
Combo3	Text	步长
	Style	0-dropdown combo
Timer1	Interval	1000

④ 添加代码。
```
Option Explicit
Dim b As Integer                    '步长变量

Private Sub Form1_Load()            '初始加载组合框中的数据
    Combo1.AddItem "中速"
    Combo1.AddItem "快速"
    Combo1.AddItem "慢速"
    Combo2.AddItem "暂停"
    Combo2.AddItem "继续"
    Combo3.AddItem "100"
    b = 400                         '设置初始步长是 400
End Sub

Private Sub Timer1_Timer()
```

```
        Picture1.Left = Picture1.Left + b  '每个时间单位图片向右移动 b 个步长
        If Picture1.Left > 3700 Then      '图片移动到边缘时停止
        Timer1.Enabled = False
        End If
    End Sub

    Private Sub Combo1_Click()           '调节移动速度
        If Combo1.Text = "快速" Then
        Timer1.Interval = 100
        ElseIf Combo1.Text = "中速" Then
        Timer1.Interval = 1000
        ElseIf Combo1.Text = "慢速" Then
        Timer1.Interval = 3000
        End If
    End Sub

    Private Sub Combo2_DblClick()        '改变移动状态
        If Combo2.Text = "暂停" Then
        Timer1.Enabled = False
        ElseIf Combo2.Text = "继续" Then
        Timer1.Enabled = True
        End If
    End Sub

    Private Sub Combo3_Change()          '图片移动步长设置
        b = Val(Trim(Combo3.Text))
    End Sub
```

实训小结

① 组合框的三种类型,它们所响应的事件是不同的。组合框的 Style 属性为 1 时,能接收 DblClick 事件,而其他两种组合框能够接收 Click 与 Dropdown 事件;当 Style 属性为 0 或 1 时,文本框可以接收 Change 事件。

② 小车行驶到最右边后就不行驶了,测试速度、状态、步长,必须让小车不断地行驶才可以测试出来。解决的方法是:用鼠标把小车拖拉到最左边的起始位置,让其重新行驶,即可运用鼠标拖拉事件来实现小车的拖动,如图 5.6 所示。

③ 当小车停止后,拖动小车到最左边的起始位置,小车又不会动了。这是因为小车行驶停止后,Timer1.Enabled = False,时钟控件已经不发挥作用了。解决的方法是:可以启动另一个时钟控件来检测小车的位置,当小车的位置符合移动条件(即 Picture1.Left<3700),再启动第一时钟控件(即 Timer1.Enabled = Ture),这样小车又可以行驶了。

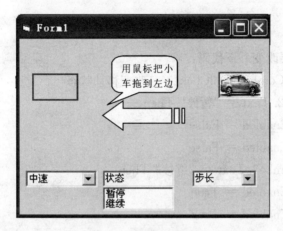

图 5.6 运用鼠标拖曳

鼠标拖曳小车代码:
```
Private Sub Picture1_MouseDown(Button As Integer, Shift As Integer, _
X As Single, Y As Single)
    Picture1.Drag 1
End Sub


Private Sub Picture1_MouseUp(Button As Integer, Shift As Integer, _
X As Single, Y As Single)
    Picture1.Drag 2
End Sub


Private Sub Form_DragDrop(Source As Control, X As Single, Y As Single)
    Source.Move (X-Source.Width / 2), (Y-Source.Height / 2)
```

End Sub

增加一个时钟来检测小车的位置,Timer2 的 Interval 属性值为 1000,其代码如下：
Private Sub Timer2_Timer()
　　If Picture1. Left ＜= 3700 Then
　　Timer1. Enabled = True
　　End If
End Sub

Combo2 需要改变一下代码：
Private Sub Combo2_DblClick()　　'改变移动状态
　　If Combo2. Text = "暂停" Then
　　Timer1. Enabled = False
　　Timer2. Enabled = False
　　ElseIf Combo2. Text = "继续" Then
　　Timer1. Enabled = True
　　Timer1. Enabled = True
　　End If
End Sub

 实训 5.5

设计如图 5.7 所示的界面。在第一个选项卡上单击"复制"按钮可播放文件复

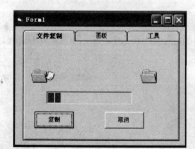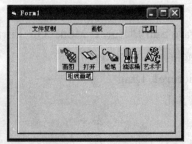

图 5.7　ActiveX 控件的应用

制的动画程序，10 秒后显示"复制完成"的提示信息，单击"停止"按钮结束播放；画板不做任何操作，运用 Toolbar 控件和 ImageList 控件集合做一个工具栏。

分　析

① 界面元素有一个 SSTab 控件，在第一个选项卡上有一个播放无声动画的 Animation 控件，还有一个表示进度的 ProgressBar 控件，这三个控件都是 ActiveX 控件，因此创建程序时，应先添加相应的 ActiveX 控件。

② 单击"复制"按钮自动播放文件复制动画程序，要在"复制"按钮的 Click 事件中借助 Animation 控件的 Open 方法打开动画文件；进度条填充进度块（Value 值改变）要通过时钟控件进行控制。

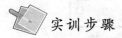
实训步骤

① 建立一个新的工程文件。

② 单击"工程"菜单中的"部件"命令，在弹出的对话框中添加相应的 ActiveX 控件，如图 5.8 所示。在工具箱上选择 SSTab 控件，然后在第一个选项卡上添加一个 Animation 控件、一个 ProgressBar 控件、一个 Timer 控件、两个命令按钮。

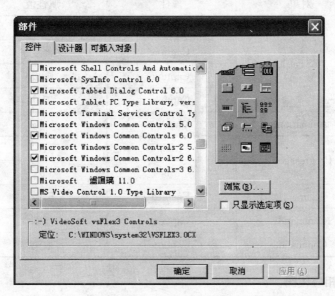

图 5.8　"部件"对话框

③ 在第三个选项卡上添加一个 ImageList 控件、一个 Toolbar 控件，并在

ImageList控件中添加五个图标,如图5.9所示,Toolbar控件如图5.10所示。

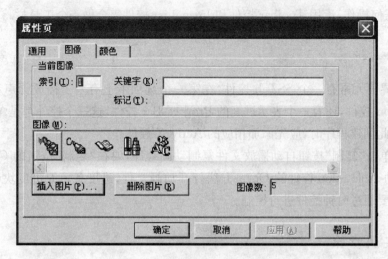

图 5.9 ImageList 控件属性页设置

④ 按照表 5.5 设置对象的属性。

表 5.5 实训 5.5 的对象属性设置

对象	属性	属性值
SSTab1	Tabs	3
	Caption	文件复制
	Caption	画板
	Caption	工具
Animation1	AutoPlay	False
ProgressBar1	Max	10
	Min	0
Timer1	Enabled	False
Command1	Caption	复制
Command2	Caption	取消

⑤ 编写相应代码。

Private Sub Command1_Click()
　　Animation1.AutoPlay = True　'打开指定目录下的动画文件
　　ChDrive App.Path

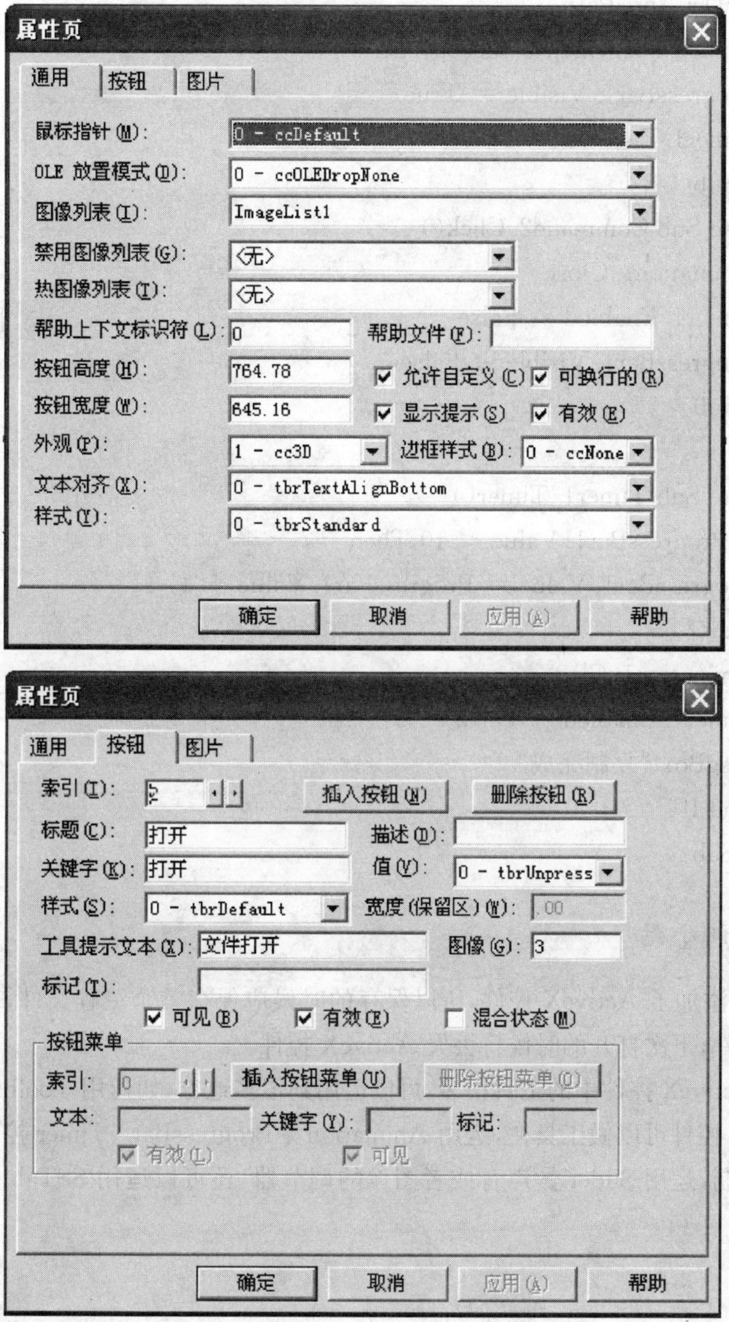

图 5.10 Toolbar 控件属性页设置

```
        ChDir App.Path
        Animation1.Open ("filecopy.avi")
        ProgressBar1.Visible = True
        Timer1.Enabled = True
    End Sub
    Private Sub Command2_Click()
        Animation1.Close
        Timer1.Enabled = False
        ProgressBar1.Visible = False
    End Sub

    Private Sub Timer1_Timer()
        If ProgressBar1.Value < 10 Then
        ProgressBar1.Value = ProgressBar1.Value + 1
        Else
        Animation1.Close
        Timer1.Enabled = False
        MsgBox "复制完成"
        End If
    End Sub
```

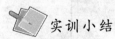 实训小结

① 因添加了 ActiveX 控件，所以保存的时候应保存整个工程文件，若单独保存窗体文件，下次打开的时候将丢失 ActiveX 控件。

② ActiveX 控件中的工具很多，可以运用到很多地方，如运用 Toolbar 控件和 ImageList 控件可以做工具栏，运用 Animation 、ProgressBar 、Timer 控件可以制作文件复制，运用 Silder 做声音或者图像的调节器，还可以运用 SSTab 做文件夹选项等。

习 题

一、选择题

1. 下列控件中没有 Caption 属性的是 _____。
   A. 框架　　　B. 列表框　　　C. 复选框　　　D. 单选按钮

2. 文本框没有_____属性。
   A. Enabled　　B. Visible　　C. BackColor　　D. Caption

3. 能够获得一个文本框中被选取文本的内容的属性是_____。
   A. Text　　　B. Length　　C. SelStart　　D. SelText

4. 以下能够触发文本框 Change 事件的操作是_____。
   A. 文本框失去焦点　　　　B. 文本框获得焦点
   C. 设置文本框的焦点　　　D. 改变文本框的内容

5. 若要使标签控件显示时不覆盖其背景内容,要对_____属性进行设置。
   A. Backcolor　　B. BorderStyle　　C. ForeColor　　D. BackStyle

6. Lable 控件中显示的文字,是由_____属性决定的。
   A. Text　　　B. Caption　　C. Name　　　D. ForeColor

7. 为了使标签 Label1 显示文字"姓名",可把 Label1 的_____属性设置为"姓名"。
   A. Caption　　B. Text　　　C. Word　　　D. Name

8. 复选框的 Value 属性为 1 时,表示_____。
   A. 复选框未被选中　　　　B. 复选框被选中
   C. 复选框内有灰色的勾　　D. 复选框操作有误

9. 用来设置斜体字的属性是_____。
   A. FontItalic　　B. FontBold　　C. FontName　　D. FontSize

10. 将数据项"China"添加到列表框 List1 中成为第二项,应使用_____语句。
    A. List1. AddItem "China",1　　B. List1. AddItem "China",2
    C. List1. AddItem 1,"China"　　D. List1. AddItem 2,"China"

11. 下列说法中正确的是_____。
    A. 通过适当的设置,可以在程序运行期间让时钟控件显示在窗体上
    B. 在列表框中不能进行多项选择
    C. 在列表框中能够将项目按字母从大到小排序

D. 框架也有 Click 和 DblClick 事件

12. 为了防止用户随意将光标置于控件之上,应进行_____设置。
   A. 将控件的 TabIndex 属性设置为 0
   B. 将控件的 TabStop 属性设置为 True
   C. 将控件的 TabStop 属性设置为 False
   D. 将控件的 Enabled 属性设置为 False

13. 滚动条产生 Change 事件是因为_____值改变了。
   A. SmallChange   B. Value
   C. Max   D. LargeChange

14. 如果要每隔 15s 产生一个 Timer 事件,则 Interval 属性应设置为_____。
   A. 15   B. 900   C. 15000   D. 150

15. 假定在图片框 Picture1 中装入了一个图形,清除该图形(不删除图片框)应采用的正确方法是_____。
   A. 选择图片框,然后按 Del 键
   B. 执行语句 Picture1.Picture=LoadPicture(" ")
   C. 执行语句 Picture1.Picture=" "
   D. 选择图片框,在属性窗口中选择 Picture 属性,然后按回车键

16. 要将一个组合框设置为简单组合框(Simple Combo),则应该将其 Style 属性设置为_____。
   A. 0   B. 1   C. 2   D. 3

17. 要在形状控件 Shape1 中填充一种图案,可设置它的_____属性。
   A. BorderColor   B. BorderStyle   C. FillStyle   D. FillColor

二、填空题

1. VB 中的控件分为两类:一类是_____,另一类是_____。
2. 使用文本框显示文字时,只能显示 8 个字符,则需设定它的_____属性为 8。
3. 要使文本框能显示多行文字,则需设定它的_____属性为 True。
4. 要把 Label 控件的背景设置为透明,可把该控件的_____属性设置为_____。
5. 列表框中的_____和_____属性为数组。
6. 组合框有三种不同的风格:下拉式组合框、_____和下拉式列表框,可

通过_____属性来设置。

7. 滚动条响应的重要事件有_____和_____。

8. 如果要求每隔 15 秒钟激发一次计算器事件,应将 Interval 属性设置为_____。

9. 当原对象被拖动到目标对象上方时,在目标对象上将引发_____事件,释放时又会引发_____事件。

10. 已知窗体中有一个图片框,名为 Pic1,现在要把图形文件"D:\A1.BMP"显示在该控件中,使用的语句是_____。

三、问答题

1. 所有控件都有 Name 属性,大部分控件有 Caption 属性,对于同一个控件来说,这两个属性有什么区别?

2. 在窗体上画一个文本框和一个图片框,然后编写如下两个事件过程,程序运行后,在文本框中显示的内容是什么?在图片框中显示的内容是什么?

```
Private Sub Form1_Load()
        Text1.Text="计算机"
End Sub
Private Sub Text1_Change()
        Picture1.Print "文化基础"
End Sub
```

3. 窗体上有一个按钮和一个列表框,执行下列程序,写出运行结果。

```
Private Sub Command1_Click()
        List1.AddItem "China"
        List1.AddItem "USA"
        List1.AddItem "Japan",1
        Print List1.List(2)
End Sub
```

四、设计题

1. 在窗体上画一个命令按钮,宽度为 1500,高度为 500,标题为"显示"。编写适当的事件过程,程序运行后,如果单击"显示"命令按钮,则在窗体上显示"祝你考试成功"。

2. 在窗体上画一个列表框,一个文本框和一个命令按钮,标题为"复制"。编写适当事件过程,程序运行后,在列表框中自动建立四个列表项,分别为"Item1"、

"Item2"、"Item3"、"Item4"。如果选择列表框中的一项,则单击"复制"按钮时,可以把该项复制到文本框中。

3. 在窗体上画一个计时器,其 Stretch 属性值为 True;画一个图像框,通过其 Picture 属性加载;再画一个水平滚动条,其 Min 和 Max 属性值分别为 100、1200,Smallchange 和 Largechange 属性值分别为 25 和 100。编写适当事件过程,程序运行后,可以使图像框闪烁,其闪烁程度可以通过滚动条调节,如图 5.11 所示。

设计界面

运行界面

图 5.11 题 3 的设计和运行界面

第 6 章　数组实训与习题

―― **实 训 目 的** ――

① 掌握动态数组和静态数组定义的基本方法。
② 熟练掌握数组的应用。

―― **实 训 内 容** ――

将某班级 10 名学生的姓名用数组来存储，并输出显示，如图 6.1 所示。

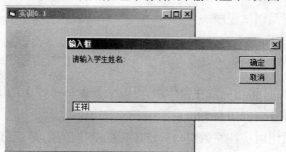

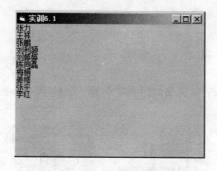

图 6.1　输入界面及运行结果

分　析

定义一个一维数组,其中的元素是字符串型,数组的下标范围是1~10。

 **实训步骤**

① 建立一个新的工程文件。
② 在窗体单击事件(Form1_Click)中添加如下代码。

```
Option Base 1                          '在窗体单击事件外定义
Dim i As Integer
Dim names(10) As String
For i = 1 To 10
    names(i) = InputBox("请输入学生姓名:","输入框")
Next i
For i = 1 To 10
    Print names(i)
Next i
```

③ 保存、运行、调试程序。

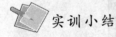 **实训小结**

① Option Base 语句应放在窗体层,可改变数组每一维上的下界值,如果不使用此语句,则默认下标从 0 开始。
② 在使用数组时应注意数组每一维下标的变化范围,避免出现数组下标越界的情况。

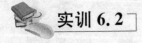 **实训 6.2**

将下列矩阵 a 的行和列元素进行交换,存放到另一个矩阵 b 中,如图 6.2 所示。

$$a = \begin{pmatrix} 20 & 21 & 50 \\ 44 & 26 & 71 \end{pmatrix} \quad b = \begin{pmatrix} 20 & 44 \\ 21 & 26 \\ 50 & 71 \end{pmatrix}$$

第 6 章　数组实训与习题　　　　　　　　　　　　　　　　　　　　　59

图 6.2　输入界面及运行结果

　分　析

先定义两个二维数组 a(2,3) 和 b(3,2) 分别代表上面两个矩阵,矩阵 b 实际为矩阵 a 的转置矩阵,即 b(i,j)=a(j,i),其中 i=1,2;j=1,2,3。

　实训步骤

① 建立一个新的工程文件。
② 在窗体单击事件(Form1_Click)中添加如下代码。

```
Option Base 1
Dim i, j As Integer
Dim a(2, 3), b(3, 2) As Integer
For i = 1 To 2
    For j = 1 To 3
```

```
        a(i, j) = InputBox("请输入数组元素:", "输入框")
      Next j
   Next i
   For i = 1 To 3
      For j = 1 To 2
         b(i, j) = a(j, i)
      Next j
   Next i
   For i = 1 To 3
      For j = 1 To 2
         Print b(i, j)
      Next j
      Print
   Next i
```
③ 保存、运行、调试程序。

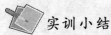

实训小结

本例中使用了二维数组来存放矩阵,在输入数据和输出数据时应用两层循环控制,外层循环控制行下标的变化,内层循环控制列下标的变化,多维数组以此类推。

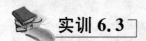

实训 6.3

编写程序,输出杨辉三角。

```
1
1  1
1  2  1
1  3  3  1
1  4  6  4  1
1  5  10 10 5  1
1  6  15 20 15 6  1
1  7  21 35 35 21 7  1
1  8  28 56 70 56 28 8  1
```

 **分　析**

杨辉三角的第一列和对角元素均为 1，其他元素为上一行相邻两元素之和。由此可得其算法：a(i,j)=a(i-1,j-1)+a(i-1,j)。

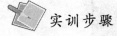 **实训步骤**

① 建立一个新的工程文件。

② 在窗体上建立一个命令按钮，编写该命令按钮的 Click 事件代码。

```
Dim a(), n As Integer      '定义动态数组 a
n = Val(InputBox("请输入一个不等于零的数:", "杨辉三角"))
ReDim a(n, n)              '为数组分配实际的元素个数
For i = 1 To n             '为对角线元素和第一列元素赋值
    a(i, 1) = 1: a(i, i) = 1
Next
For i = 3 To n
    For j = 2 To i - 1
        a(i, j) = a(i - 1, j - 1) + a(i - 1, j)
    Next j
Next i
For i = 1 To n
    For j = 1 To i
        Print Tab(5 * j); a(i, j);
    Next j
    Print
Next i
```

③ 保存、运行、调试程序，单击命令按钮，在输入框中输入 9，运行结果如图 6.3 所示。

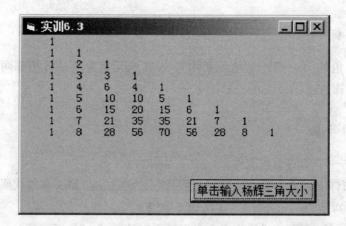

图 6.3 程序运行结果

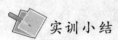

在程序设计中,若事先不能确定所用数组的大小,这个时候可以创建可在程序运行时改变大小的动态数组。

 实训 6.4

编写程序,实现一维数组的倒置。

将数组倒置,其操作是将第一个元素与最后一个元素交换、第二个元素与倒数第二个交换,以此类推。

 实训步骤

① 建立一个新的工程文件。
② 在窗体单击事件(Form1_Click)中添加如下代码。
Dim intCount As Integer
Dim intTemp As Integer
Const n = 10
Dim a(n) As Integer

```
Print "对数组赋初值："
For intCount = 1 To n            '对数组赋值
    a(intCount) = intCount
    Print a(intCount);
Next
Print vbCrLf                     '输出换行符
Print "对数组倒置："
For intCount = 1 To n / 2        '数组倒置
    intTemp = a(intCount)
    a(intCount) = a(n － intCount ＋ 1)
    a(n － intCount ＋ 1) = intTemp
Next
For intCount = 1 To n
    Print a(intCount);
Next
Print vbCrLf                     '输出换行符
```

③ 保存、运行、调试程序，运行结果如图 6.4 所示。

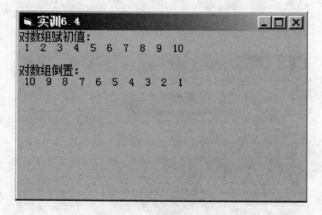

图 6.4　程序运行结果

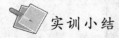实训小结

　　数组的倒置是经常使用的算法之一，请思考为什么在倒置数组时将循环控制变量的终值设置为 n/2？

实训 6.5

在窗体上建立一个命令按钮、两个单选按钮和一个图片框。每单击一次命令按钮，增加一个新的单选按钮。如果单击某个单选按钮，则在图片框中画出具有不同填充图案的圆。如图 6.5 和图 6.6 所示。

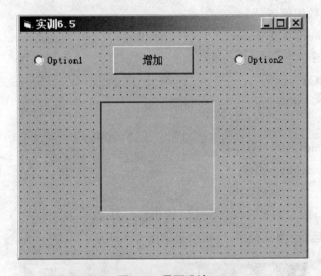

图 6.5　界面设计

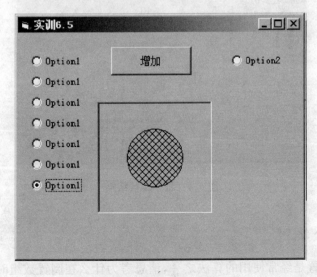

图 6.6　程序运行结果

分 析

本题需要创建一个控件数组,然后通过制定控件索引值的方式来存放每次单击按钮时产生的单选按钮。

 实训步骤

① 建立一个新的工程文件。
② 在窗体上添加一个命令按钮,两个单选按钮,一个图片框。
③ 在属性窗口按表 6.1 设置对象的属性。

表 6.1 实训 6.5 控件属性

控件	名称	标题(Caption)
命令按钮	Command1	增加
左单选按钮	Optbutton	Option1
右单选按钮	Optbutton	Option2
图片框	Picture1	空白

④ 添加代码。

```
Private Sub Command1_Click()
    Static MaxID
    If MaxID = 0 Then MaxID = 1
    MaxID = MaxID + 1
    If MaxID > 7 Then Exit Sub
    Load Optbutton(MaxID)        '建立新的控件数组
    '把新建立的单选按钮放在原有单选按钮下面
    Optbutton(MaxID).Top = Optbutton(MaxID - 1).Top + 360
    Optbutton(MaxID).Visible = True
End Sub

Private Sub Optbutton_Click(Index As Integer)
    Dim H, W
```

```
        Picture1.Cls
        Picture1.FillStyle = Index          '设置填充类型
        W = Picture1.ScaleWidth / 2
        H = Picture1.ScaleHeight / 2
        Picture1.Circle (W, H), W / 2       '画圆
    End Sub
```

实训小结

① 事件过程 Command1_Click 用来增加单选按钮,每单击一次命令按钮,用 Load 为控件数组增加一个数组元素。新增的控件位于原控件之下。控件数组的最大索引值为 6,因此最多可添加 7(0~6)个单选按钮,超过 7 个后,将通过"Exit Sub"语句退出该事件过程。

② 第二个事件过程中的 Circle 方法用来画圆,该方法有三个参数,前两个参数(在括号中)用来指定圆心的坐标,第三个参数为所画圆的半径。

习 题

一、选择题

1. 用下面的语句所定义的数组元素个数是_____。
Dim Array(-1 To 4) As Integer
   A. 6   B. 5   C. 4   D. 9

2. 在默认条件下有数组声明语句:Dim A(2,-2 to 2,3),则数组 A 包含_____个元素。
   A. 200   B. 120   C. 75   D. 60

3. 定义数组 a(1 To 5,5)后,下列_____数组元素不存在。
   A. a(1,1) B. a(1,5) C. a(0,1) D. a(5,5)

4. 已设置数组元素下标从 1 开始,下列程序段运行时会提示出错,出错的原因是_____。
```
a = Array(1, 2, 3, 4)
For i = 4 To 1 Step -1
    Print a(i)
Next i
```

第6章 数组实训与习题

　　Print a(i)
　　A. 第三行,数组元素 a(i)下标越界
　　B. 第一行,数组没定义,不能直接赋值
　　C. 第五行,数组元素 a(i)下标越界
　　D. 第二行,循环语句格式不对
5. 控件数组的元素是通过_____属性来区分的。
　　A. Name　　　B. TabIndex　　C. Index　　　D. Enabled
6. 在窗体上画一个命令按钮(其 Name 属性为 Command1),然后编写如下代码:

```
Option Base 1
Private Sub Command1_Click()
    Dim a
    a=Array(1,2,3,4)
    j=1
    For i=4 To 1 Step -1
        s=s+a(i)*j
        j=j*10
    Next i
    Print s
End Sub
```

运行上面的程序,单击命令按钮,其输出结果为_____。
　　A. 4321　　　B. 12　　　C. 34　　　D. 1234

二、填空题

1. 在数组定义之前,可以使用语句_____确定数组的下界值1。
2. 由 Array 函数建立的数组的名字必须是_____类型。
3. 执行下列程序后,输出的结果是:_____。

```
Option Base 1
Private Sub Form_Click()
    Dim a(4, 4) As Integer
    Dim i As Integer, j As Integer
    Dim count As Integer, s As Integer
    count = 1
```

```
        For i = 1 To 4           '给二维数组赋值并累加特殊位置的元素值
            For j = 1 To 4
                a(i, j) = count
                count = count + 1
                If i = 1 Or i = 4 Or j = 1 Or j = 4 Then
                    s = s + a(i, j)
                End If
            Next j
        Next i
        Print s
    End Sub
```

4. 在窗体上画一个命令按钮(其 Name 属性为 Command1),然后编写如下代码:

```
    Private Sub Command_Click()
        Dim n() As Integer
        a=InputBox("请输入第一个数")
        b=InputBox("请输入第二个数")
        Redim n(a To b)
        For k=LBound(n,1) To UBound(n,1)
            n(k)=k
            Print "n(";k;")=";n(k)
        Next k
    End Sub
```

程序运行后,单击命令按钮,在输入对话框中分别输入 2 和 3,输出结果为_____。

5. 执行下面程序后,输出的结果是_____。

```
    Private Sub Form1_Click()
        Dim i As Integer,j As Integer,s As Integer
        Dim a
    a=Array(1,2,3,4)
    s=0:j=1
        For i=0 To 3
```

```
            s=s+a(i)*j
            j=j*10
        Next i
    Print "s=";s
End Sub
```

6. 在窗体上画一个命令按钮(其 Name 属性为 Command1),然后编写如下代码:

```
Private Sub Command_Click()
    Option Base 1
    Dim a(10) As Integer,p(3) As Integer
    k=5
    For i=1 To 10
        a(i)=i
    Next i
    For i=1 To 3
        p(i)=a(i*i)
    Next i
    For i=1 To 3
        k=k+p(i)*2
    Next i
    Print k
End Sub
```

程序运行后,单击命令按钮,输出结果是_____。

三、问答题

1. 简述数组的概念以及数组中关于下标的规定。
2. 简述静态数组和动态数组有哪些区别?

四、编程题

1. 设有如下两组数据:
   A. 2 6 8 4 21 25   B. 79 27 61 44 51 26

   编写程序将上面两组数据分别读入两个数组中,然后把两个数组中对应下标的元素相加,并把相应结果放到第三个数组中,最后输出第三个数组的值。

2. 设有如下 3×3 的矩阵,编写程序实现:

```
12  34  27
22  36  40
60  35  21
```

① 输出两条对角线上的元素之和。

② 将第一行和第二行交换后,输出该矩阵。

3. 编写程序实现建立并输出一个 10×10 的矩阵,该矩阵对角线元素为 1,其余元素均为 0。

4. 有一个 m×n 的矩阵,编写程序,找出其中的最大元素所在的行和列,并输出其值及行号和列号。

第 7 章 函数过程实训与习题

—— 实 训 目 的 ——

① 掌握过程、函数的定义和调用。
② 熟练掌握参数传递的过程。
③ 掌握过程嵌套和递归的原理,能够用递归解决实际问题。

—— 实 训 内 容 ——

 实训 7.1

在窗体上打印指定个数的字符,如图 7.1 和图 7.2 所示。

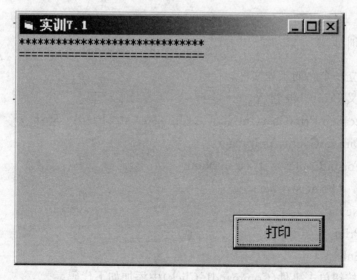

图 7.1 单击按钮打印效果图

图7.2 单击窗体打印效果图

分 析

定义整形变量 intNum 用于接收打印字符的个数，strChar 用于接收打印字符。

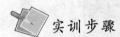实训步骤

① 建立一个新的工程文件。
② 定义 PrintChar 过程。

```
Private Sub PrintChar(intNum As Integer，strChar As String)
    Dim intCount As Integer
    For intCount = 1 To intNum
        Print strChar;
    Next
    Print
End Sub
```

③ 在按钮单击事件(Command1_Click)中添加如下代码。

```
Private SubCommand1_Click()
    PrintChar 30，"*"
```

```
        Call PrintChar(30, "=")
        Print
End sub
```
④ 在窗体单击事件(Form1_Click)中添加如下代码。
```
Private Sub Form1_Click()
    Print "单击窗体"
    Command1_Click
End sub
```
⑤ 保存、运行、调试程序。

实训小结

通用过程只有被事件过程调用才能发挥其应有的作用。本例中定义了一个通用事件过程 PrintChar,先由按钮单击事件(Command1_Click)调用该过程,然后在窗体单击事件(Form1_Click)中调用 Command1_Click 事件,从而实现对 PrintChar 过程的嵌套调用。

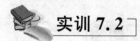
实训 7.2

编写一个 Function 过程,求数组的最大值。

分析

该过程先求出数组的上界和下界,然后用选择排序法从数组中找出最大值。过程中的数组是一形式参数。

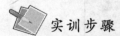
实训步骤

① 建立一个新的工程文件。
② 定义求最大值的 FindMax 过程,代码如下。
```
Private Function FindMax(a() As Integer)
    Dim start As Integer, finish As Integer, i As Integer
    start = LBound(a)
    finish = UBound(a)
    Max = a(start)
```

```
    For i = start To finish
        If a(i) > Max Then Max = a(i)
    Next i
    FindMax = Max
End Function
```

③ 在窗体单击事件(Form1_Click)中添加如下代码。

```
Private Sub Form1_Click()
ReDim b(4) As Integer
b(1) = 20
b(2) = 40
b(3) = 22
b(4) = 11
c = FindMax(b())
Print "最大值为:" & c
End Sub
```

④ 保存、运行、调试程序。程序运行结果如图7.3所示。

图7.3　程序运行结果

第 7 章 函数过程实训与习题   75

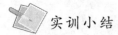

本例中在定义 FindMax 过程时使用了一个动态数组名作为形参,由于不能事先确定该数组的大小,因此使用了 LBound()和 UBound()函数,用 LBound()函数可以求出数组的最小下标值,用 UBound()函数可以求出数组的最大下标值,这样就可以确定传递给过程的数组中各维的上下界。

 实训 7.3

编写一个过程,将随机产生的数组按升序排列。

本题要对随机产生的数组中的数据进行排序,由于在定义过程时数组的大小并不确定,因此要用 LBound()和 UBound()函数确定数组的上、下边界,然后使用冒泡排序算法对数组进行排序。

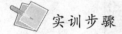

① 建立一个新的工程文件。
② 定义 Sort 过程。
Private Sub Sort(a)
    Dim start As Integer, finish As Integer, i, j, temp As Integer
    start = LBound(a)
    finish = UBound(a)
    For i = start To finish - 1
      For j = i + 1 To finish
        If a(i) > a(j) Then
          temp = a(i): a(i) = a(j): a(j) = temp
        End If
      Next j
    Next i
End Sub
③ 在按钮单击事件(Command_Click)中添加以下代码。

```
Private Sub Command1_Click()
    Dim x(10) As Integer
    Print "排序前的数据:"
    For i = 1 To 10
        x(i) = Int(Rnd * 101)
        Print Tab(4 * i); x(i);
    Next i
    Print
    Call Sort(x)
    Print "排序后的数据:"
    For i = 1 To 10
        Print Tab(4 * i); x(i);
    Next i
End Sub
```

④ 保存、运行、调试程序,结果如图 7.4 所示。

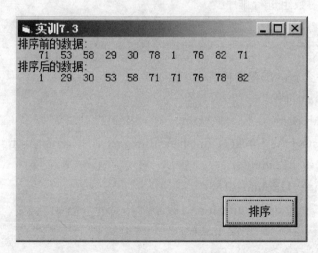

图 7.4　程序运行结果

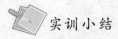实训小结

本例中定义了 Sort 过程用于将随机产生的数据进行排序,在排序中使用了冒泡排序算法,该算法的思想是将相邻两个数比较,小的调到前面,具体过程可以分

为以下几步:

① 第一趟将每相邻两个数比较,小的调到前面,经 n−1 次两两相邻比较后,最大的数已"沉底",放在最后一个位置,小数上升"浮起"。

② 第二趟对余下的 n−1 个数(最大的数已"沉底")按上法比较,经 n−2 次两两相邻比较后得次大的数。

③ 依次类推,n 个数共进行 n−1 趟比较。

 实训 7.4

编写一个过程,实现将年份转换为大写。例如,将"2011"转换为"二〇一一",如图 7.5 所示。

图 7.5　程序运行结果

 分　析

本题主要使用到函数的递归和嵌套调用,在定义时应特别注意递归条件的指定。

 实训步骤

① 建立一个新的工程文件。
② 定义 UpDate 函数。

```vb
Public Function UpDate(ByVal strInput As String) As String
    Select Case strInput
        Case "0"
            UpDate = "○"
        Case "1"
            UpDate = "一"
        Case "2"
            UpDate = "二"
        Case "3"
            UpDate = "三"
        Case "4"
            UpDate = "四"
        Case "5"
            UpDate = "五"
        Case "6"
            UpDate = "六"
        Case "7"
            UpDate = "七"
        Case "8"
            UpDate = "八"
        Case "9"
            UpDate = "九"
        Case Else
            UpDate = strInput
    End Select
End Function
```

③ 定义 ConvertYear 函数。

```vb
Public Function ConvertYear(strYear As String) As String
  Dim strSwap As String
  Dim intNum As Integer
  While intNum <= Len(strYear)
    strSwap = Right(Left(strYear, intNum), 1)
```

第7章 函数过程实训与习题

```
        '调用 UpDate 过程,并递归调用 ConvertYear 函数
        ConvertYear = ConvertYear & UpDate(strSwap)
        intNum = intNum + 1
    Wend
End Function
```

④ 编写窗体单击事件(Form1_Click),代码如下。

```
Private Sub Form1_Click()
    Print "2011 大写:"; ConvertYear(2011)
End Sub
```

⑤ 保存、调试、运行程序。

 实训小结

本例在 ConvertYear 函数中调用 UpDate 过程,并递归调用 ConvertYear 函数。可以看出,递归算法设计简单,同一程序用递归来解决可读性很高,但在具体使用时必须要求存在结束条件及结束时的值,能用递归形式表示,且递归向终止条件发展。

—— 习 题 ——

一、选择题

1. VB 关于过程或函数的形参说法不正确的是_____。
    A. ByVal 类别的形参是按参数的值进行传递的
    B. 在传址调用时,实参可以是变量,也可以是常量
    C. 一般调用时,所给定的实参需与形参的顺序及类型相同或相容
    D. 形参的类型可以用已知的或用户已定义的类型来指定,也可以不指定

2. 以下说法正确的是_____。
    A. 过程的定义可以嵌套,但是过程的调用不能嵌套
    B. 过程的定义不可以嵌套,但过程的调用可以嵌套
    C. 过程的定义和调用均可嵌套
    D. 过程的定义和调用均不可嵌套

3. 下列过程语句说明合法的是_____。
    A. Sub f1(ByVal n%())   B. Sub f1(%n)As Integer

C. Function f1%(f1%)　　　D. Function f1(ByVal n%)

4. 阅读下面的程序：

Public Sub f1(n%,ByVal m%)
　　n=n mod 10
　　m=m/10
End Sub
Private Sub Command1_Click()
　　Dim x%,y%
　　　x=12:y=34
　　　call f1(x,y)
　　　Print x,y
End Sub

单击命令按钮运行该程序，输出结果为_____。

　　A. 2　34　　B. 12　34　　C. 2　3　　D. 12　3

5. 假定有以下两个过程：

Sub S1(ByVal x As Integer,ByVal y As Integer)
　　Dim t As Integer
　　t=x
　　x=y
　　y=t
End Sub

Sub S2(x As Integer,y As Integer)
　　Dim t As integer
　　t=x
　　x=y
　　y=t
End Sub

以下说法正确的是_____。

　　A. 用 S1 可以实现两变量交换值的操作，S2 不能实现
　　B. 用 S2 可以实现两变量交换值的操作，S1 不能实现
　　C. 用 S1 和 S2 都可以实现交换两个变量值的操作

第 7 章 函数过程实训与习题

D. 用 S1 和 S2 都不能实现交换两个变量值的操作

6. 假定有下面的过程：

Function Func(a As Integer, b As Integer) As Integer
  Static m As Integer, i As Integer
  m=0
  i=2
  i=i+m+1
  m=i+a+b
  Func=m
End Function

在窗体上添加一个命令按钮，然后编写以下事件过程：

Private Sub Command1_Click()
  Dim k As Integer, m As Integer
  Dim p As Integer
  k=4
  m=1
  p=Func(k,m)
  print p;
  p=Func(k,m)
  print p
End Sub

程序运行后，单击命令按钮，输出结果为_____。

  A. 8 17 B. 8 16 C. 8 20 D. 8 8

二、填空题

1. _____ 语句可以中途跳出 Sub 过程，_____ 语句可以中途跳出 Function 过程。

2. Sub 过程的调用方式为_____ 和_____。

3. "虚实结合"参数传递有_____ 和_____ 两种形式。

4. 执行下面程序后，输出的结果是_____。

Dim b As Integer
Private Sub Proc (ByVal m As Integer)
  Static a As Integer

　　　　a＝a＋m
　　　　b＝b＋a*2
　　End Sub
　　Private Sub Form1_Click()
　　　　Dim n As Integer
　　　　n＝3
　　　　Call Proc(n)
　　　　Call Proc(n+1)
　　　　Print n,b
　　End Sub
　5. 在窗体上画一命令按钮,然后编写如下程序:
　　Function M(x As Integer,y As Integer) As Integer
　　　　M＝Iif(x>y,x,y)
　　End Function
　　Private Sub Command1_Click()
　　　　Dim a As Integer,b As Integer
　　　　a＝1
　　　　b＝2
　　　　Print M(a,b)
　　End Sub
　　程序运行后单击命令按钮,输出结果为_____。

三、问答题
　1. 简述过程、函数的概念及区别。
　2. 简述参数传递的概念,参数传递的方式。
　3. 简述变量作用域的概念及不同变量作用域的范围、过程的作用域。
　4. 简述递归算法必须满足的条件。

四、程序设计题
　1. 编写一个求 3 个数中最大值 Max 和最小值 Min 的过程,然后利用这个过程求 3 个数、5 个数、7 个数中的最大值和最小值。
　2. 编写一个 Function 函数 fun,求解如下分段函数的值(x 为实型变量的函数形参)。

$$Y=\begin{cases} -x & x<0 \\ x^2 & 0 \leqslant x \leqslant 10 \\ 100 & x>10 \end{cases}$$

3. 编写一过程,利用随机函数产生 10 个[10,100]之间的整数,并存入数组中,求出该数组中最大数与最小数之差并在窗体上输出结果。

4. 歌咏比赛评分规则:去掉一个最高分,去掉一个最低分后,其余的进行平均。现假设有 10 名评委,10 名参赛选手,试设计评分程序。

5. 编写一过程,给定一数组,从键盘输入一个数,查找该数是否在数组中。

6. 某一快递公司快递费用计算方法如下:快递货物重量不超过 2 千克,快递费用 10 元;超过 2 千克而不超过 10 千克,超过部分 2.5 元/千克;超过 10 千克,超出部分 1.5 元/千克。编写函数计算快递费用。设快递货物重量为 x 千克,快递费用为 y 元,则计算公式为:

$$y=\begin{cases} 10 & x \leqslant 2 \\ 10+(x-2)*2.5 & 2<x \leqslant 10 \\ 30+(x-10)*1.5 & x>10 \end{cases}$$

第8章 文件实训与习题

―― 实 训 目 的 ――

① 熟悉 VB 文件系统控件。
② 熟悉文件和目录操作语句及函数的使用。
③ 掌握顺序文件、随机文件的特点和使用。
④ 学会利用各种文件建立简单的应用程序。

―― 实 训 内 容 ――

 实训 8.1

建立一个文本浏览器。窗体上放置驱动器列表、目录列表、文件列表和两个文本框,要求:① 文件列表能过滤文本文件。② 单击某文件名后,在 Text1 文本框中显示文件名(包括路径),在 Text2 文本框中显示文件内容。③ 当双击某文件名后,调用记事本程序对文本文件进行编辑。设计界面如图 8.1 所示。

 分 析

首先设计界面,文件名和文件内容都使用 Textbox 控件完成显示功能。调整窗体中启动器列表框、目录列表框和文件列表框三个控件的相对位置并完成这三个控件之间的组合编程。

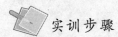 实训步骤

① 新建一个工程,系统默认生成的第一个窗体名称为 Form1。
② 在窗体上添加控件。
③ 设置控件的属性。

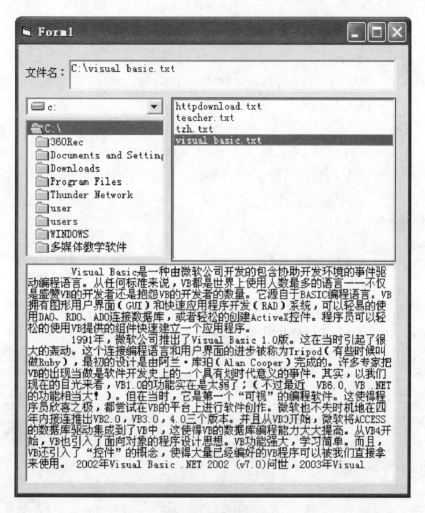

图 8.1 文本浏览器

④ 编写程序代码。打开代码窗口,创建事件过程,输入以下代码。

```
Dim f As String
Private SubDrive1_Change()
    Dir1.Path = Drive1.Drive
End Sub


Private Sub Dir1_Change()
    File1.Path = Dir1.Path
End Sub
```

```
Private Sub File1_Click()
    If Right$(Dir1.Path, 1) <> "\" Then
        Text1.Text = Dir1.Path + "\" + File1.FileName
        f = Dir1.Path + "\" + File1.FileName
    Else
        Text1.Text = Dir1.Path + File1.FileName
        f = Dir1.Path + File1.FileName
    End If
End Sub

Private Sub File1_DblClick()
    Open f For Input As #1
    Do While Not EOF(1)
        Line Input #1, InPutData
        Text2.Text = Text2.Text + InPutData + vbCrLf
    Loop
    Close #1
End Sub

Private Sub Form1_Load()
    File1.Pattern = "*.txt"
End Sub
```

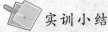
实训小结

① 用户选中 Drive1 列表框中的驱动器,将 Drive1 的显示更新为选中的驱动器,同时触发 Drive1_Change 事件。

② 在 Drive1_Change 事件过程中将新选中的驱动器(Drive1.Drive 属性)赋值给 Dir1 列表框的 Path 属性。

③ Dir 列表框的 Path 属性经过赋值后会自动刷新显示,以反映选中的驱动器的当前目录,同时触发 Dir1_Change 事件。

④ Dir1_Change 事件过程中将新目录(Dir1_Path 属性)赋值给 File1 列表框

的 Path 属性，从而更新 File1 列表框中的显示以反映 Dir1 路径指定。

实训 8.2

利用文件系统控件设计一个用户界面，供用户选择不同的文件，完成文件的复制。用户界面设计如图 8.2 所示，用户选择要复制的文件，单击"复制"命令按钮时，进入到第二个界面中，如图 8.3 所示，供用户选择指定的路径以及文件名。

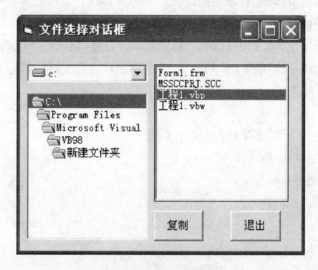

图 8.2　文件选择对话框

图 8.3　目标文件对话框

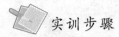 实训步骤

① 新建一个工程,系统默认生成的第一个窗体名称为Form1。
② 添加新窗体,系统默认生成的第二个窗体名称为Form2。
③ 添加标准模块,用于声明全局变量。系统默认生成的标准模块名称为Module1。
④ 设计两个窗体界面,添加控件。
⑤ 设置控件属性。
⑥ 编写程序代码。打开代码窗口,创建事件过程,输入以下代码。

```
' 在标准模块中声明两个全局变量,分别用于存放源文件和目标文件
Public sf As String
Public df As String
```

在窗体Form1中,各事件过程的代码如下:

```
Private Sub Command1_Click()
    Form2.Show
    Unload Me
End Sub


Private Sub Command2_Click()
    End
End Sub

Private Sub Dir1_Change()
    File1.Path = Dir1.Path
End Sub


Private Sub Drive1_Change()
    Dir1.Path = Drive1.Drive
End Sub


Private Sub File1_Click()
    If Right$(Dir1.Path, 1) <> "\" Then
        sf = Dir1.Path + "\" + File1.FileName
```

```
        Else
            sf = Dir1.Path + File1.FileName
        End If
End Sub
```

在窗体 Form2 中,各事件过程的代码如下:

```
Private Sub Command1_Click()
    If Right$(Dir1.Path, 1) = "\" Then
        df = Form2.Dir1.Path + Form2.Text1.Text
    Else
        df = Form2.Dir1.Path + "\" + Form2.Text1.Text
    End If
    FileCopy sf, df
End Sub


Private Sub Command2_Click()
    Load Form1
    Form1.Show
    Form2.Hide
End Sub
Private Sub Drive1_Change()
    Dir1.Path = Drive1.Drive
End Sub
```

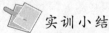
实训小结

① 在 File1_Click 事件中"If Right$(Dir1.Path, 1) <> "\" Then"用于判断 Dir1 返回路径的最右边一个字符是否为"\",如果不是则路径后加上一个"\"再连接文件名,如果是"\"则直接用路径连接文件名。

② 在 Command1_Click 事件中的"If Right$(Dir1.Path, 1) = "\" Then"同样也是完成与①类似的判断,并将 Form2.Text1.Text 中用户指定的文件名用于文件的拷贝。

③ FileCopy 语句的格式为"FileCopy source, destination",其中 source 为复制的源文件名,destination 为复制的目标文件名,注意不能复制已经打开的文件。

④ 在代码中多次使用了窗体的 Show 方法和 Hide 方法,用于窗体的显示与隐藏。

实训 8.3

设计一个用户登录界面,若用户名和密码输入均正确,则给出"合法用户!"的提示,否则给出"非法用户!"。如图 8.4 和图 8.5 所示,当单击"添加用户"按钮时,允许添加新用户(用户的名称和密码以一个文件保存)。

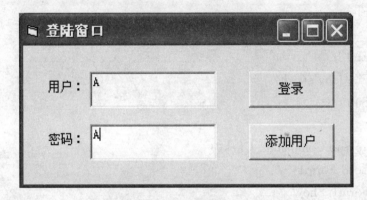

图 8.4　登录界面

图 8.5　验证信息

本实训首先练习的是对登录窗口的设计并对其进行相关设置。通过判断利用 MessageBox 将判断的结果显示出来。

实训步骤

① 新建一个工程,系统默认生成的第一个窗体名称为 Form1。

② 添加标准模块,用于声明全局变量。系统默认生成的标准模块名称为 Module1。

③ 设计两个窗体界面,添加控件。

④ 设置控件属性。

⑤ 编写程序代码。打开代码窗口,创建事件过程,输入以下代码。

```
'先在标准模块中定义记录类型
Type STU
    YH   As String * 10
    MM   As String * 10
End Type
Dim STUDENT As STU


Private Sub Command1_Click()    '登录
    i = 1
    Open "c:\stu2.dat" For Random As #1 Len = 50
    Do While Not EOF(1)
        Get #1, i, STUDENT
        If Trim(STUDENT.YH) = Trim(Text1) And Trim(STUDENT.MM) _
        = Trim(Text2) Then
            MsgBox ("合法用户!", vbExclamation, "验证信息"): _
            GoTo abc
        Else
            i = i + 1
        End If
    Loop
    MsgBox ("非法用户!")
abc:
    Close #1
End Sub
```

```
Private Sub Command2_Click()    '添加用户
    Static i%
    i = i + 1
    With STUDENT
    . YH = Text1
    . MM = Text2
    End With
    Open "c:\stu2.dat" For Random As #1 Len = 50
    Put #1, i, STUDENT
    Close #1
    Text1 = ""
    Text2 = ""
    Close #1
End Sub
```

 实训小结

① 在标准模块 Module1 中定义了新的数据类型 STU,并声明了一个该类型的变量 STUDENT。

② 以随机访问方式打开文件 stu2.dat,并指定每个记录的长度为 50 个字节。

③ 在读取数据时,如果已到达文件末尾,继续读取会被终止并产生一个错误。为了避免出错,常在读操作前用 EOF 函数检测是否已经到达文件末尾。

④ 语句"Get #1, i, STUDENT"的含义为将 1 号文件中的第 i 个记录读到 STUDENT 变量中。然后通过 Trim 函数将 STUDENT 变量中的成员 YH(用户)与 Text1 中的内容相比较并且将 STUDENT 变量中的成员 MM(密码)与 Text2 中的内容相比较,两者同时相等则提示"合法用户!",否则为"非法用户!"。

⑤ 对于添加用户,语句"Put #1, i, STUDENT"的含义为将 STUDENT 的内容写入到 1 号文件的第 i 条记录中。

 实训8.4

在窗体上建立一个文本框和两个命令按钮,编写适当的事件过程。程序运行后，如果单击"读入数据"按钮，则读入 in.txt 文件中的 50 个整数，放入一个数组中，同时在文本框中显示出来；如果单击"计算保存"按钮，则计算数组中大于或等于 300 并小于 600 的所有数之和，将求和结果在文本框 Text1 中显示出来，同时将结果存入文件 out.txt 中。如图 8.6 和图 8.7 所示。

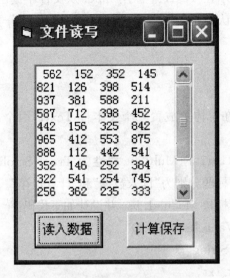

图 8.6 读入数据

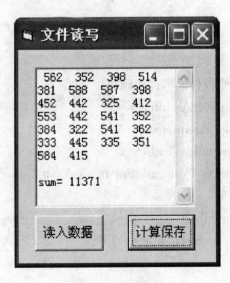

图 8.7 计算保存

分　析

使用 Input# 语句读取文件的内容,再利用循环语句将文件中的内容读取到变量 a 中保存并将其显示在 Text1 中。用 Input 从文件中读出数据时,凡是遇到逗号、空格或回车符,便认为是一个数据项的结束。这是区分文件中不同的数据的依据。

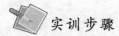 实训步骤

① 建立新工程,在窗体上放置一个文本框 Text1,两个命令按钮 Command1 和 Command2。

② 设置文本框 Text1 的 Multiline 属性为 True,Scrollbars 属性为 2,Command1 和 Command2 标题分别为"读入数据"和"计算保存"。

③ 建立一个标准模块 Module1.bas 并设计如下代码。

```
Sub putdata(ByVal a As Integer)
    Dim sFile As String
    sFile = "\out.txt"
    Open App.Path & sFile For Output As #1
    Print #1, a;
    Close #1
End Sub
```

④ 编写窗体上各个控件的事件代码。

```
Dim number(1 To 50) As Integer
Dim i As Integer, j As Integer, t As Integer
Private Sub Command1_Click()
    Open App.Path & "\in.txt" For Input As #1
    For i = 1 To 50
        Input #1, number(i)
        a$ = a$ + Str(number(i)) + " "
    Next i
    Text1 = a$
    Close #1
End Sub
```

```
Private Sub Command2_Click()
    s = 0
    For i = 1 To 50
        If number(i) >= 300 And number(i) < 600 Then
            s = s + number(i)
            a$ = a$ + Str(number(i)) + " "
        End If
    Next i
    Text1 = a$ & vbCrLf & vbCrLf & "sum=" & Str(s)
    putdata s
End Sub
```

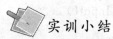 实训小结

① 程序在打开 in.txt 文件的时候使用了相对路径 app.path，注意在使用的时候需要打开的文件必须位于工程所在的文件夹。

② 读取数据并存储到变量 a 中，读取和存储的动作可以同时进行，使用一个 For 循环即可完成操作。

③ 对于计算和保存的过程，使用了两次常量 vbCrLf，表示回车换行两次。

习 题

一、选择题

1. 在 Visual Basic 中按文件的访问方式不同，可以将文件分为_____。
   A. 顺序文件、随机文件和二进制文件   B. 文本文件和数据文件
   C. 数据文件和可执行文件   D. ASCII 文件和二进制文件

2. 执行语句"Open"C:\StuDatu.dat" For Input As#1"后，系统_____。
   A. 将 C 盘当前文件夹下名为 StuData.dat 的文件的内容读入内存
   B. 在 C 盘当前文件夹下建立名为 StuData.dat 的顺序文件
   C. 将内存数据存放在 C 盘当前文件夹下名为 StuData.dat 的文件中
   D. 将某个磁盘文件的内容写入 C 盘当前文件夹下名为 StuData.dat 的文件中

3. 如果在 C 盘当前文件夹下已存在名为 StuData.dat 的顺序文件,那么执行语句"Open"C:\StuData.dat" For AppEnd As#1"之后将_____。

   A. 删除文件中的原有内容

   B. 保留文件中的原有内容,在文件尾添加新内容

   C. 保留文件中的原有内容,在文件开始添加新内容

   D. 以上均不对

4. 要读出顺序文件 temp.txt 中的内容,下列打开方式中_____是正确的。

   A. Open "temp.txt" For AppEnd As#1

   B. Open "temp.txt" For Random As#1

   C. Open "temp.txt" For OutPut As#1

   D. Open "temp.txt" For Input As#1

5. 下列_____语句或函数,不能读出顺序文件的内容。

   A. Get#   B. Line Input#   C. Input#   D. Input()

6. 下列_____语句,可读出随机文件中的数据。

   A. Input #文件号,变量名   B. Write #文件号,变量名

   C. Put #文件号,变量名   D. Get #文件号,变量名

7. 下列控件具有 Filename 属性的是_____。

   A. 文件列表框   B. 驱动器列表框

   C. 目录列表框   D. 列表框

8. 下列叙述中错误的是_____。

   A. 顺序文件打开后,文件中的数据既可以读也可以写

   B. 顺序文件打开后,文件中的数据只能读或者只能写

   C. 随机文件打开后,可以同时进行读和写操作

   D. 顺序文件和随机文件的打开都使用 Open 语句

9. 在随机文件中,每条记录必须_____。

   A. 内容不一样   B. 长度不一样

   C. 长度相等   D. 排序

10. 有如下程序:

Option Explicit

Private Sub Command1_Click()

  Dim I As Integer, pa As String

  Dim a As Single, b As Single, c As String

```
    pa = App.Path
    If Right(pa, 1) <> "\" Then pa = pa + "\"
    Open pa + "adta.dat" For Input As #1
    Input #1, a, b, c
    Close #1
End Sub
```

设数据文件"data.dat"的内容如下:

12.1 13.1 abc 12 13 14

执行上面程序的"input #1,a,b,c"语句后,a、b、c 的内容是_____

  A. a=12.1,b=13.1, c=空

  B. a=12.1,b=13.1,c="abc 12 13 14"

  C. a=12.1,b=13.1,c=13

  D. 出错信息

11. 下面叙述中不正确的是_____。

  A. 若使用 Write #语句将数据输出到文件,则各数据项之间自动插入逗号,并且字符串自动加上双引号

  B. 若使用 Print #语句输出到文件,则数据项之间没有逗号分隔,且字符串不加双引号

  C. Write #语句和 Print #语句建立的顺序文件格式完全一样

  D. Write #语句和 Print #语句均实现向文件中写入数据

12. 在窗体上画一个名称为 Drive1 的驱动器列表框,一个名称为 Dir1 的目录列表框。改变当前驱动器时,目录列表框应该与之同步改变。设置两个控件同步的命令放在一个事件过程中,这个事件过程是_____。

  A. Drive1_Chang   B. Drive1_Click

  C. Dir1_Click   D. Dir1_Change

13. 为了使 Drive1 驱动器列表框、Dir1 目录路径列表框和 File1 文件列表框能同步协调工作,需要在_____。

  A. Drive1 的 Change 事件过程中加入 Drive1.Driv=Dir1.Path,在 Dir1 的 Change 事件过程中加入 Dir1.Path=file.Path 代码

  B. Drive1 的 Change 事件过程中加入 Dir1.Path=Drive1.Drive,在 Dir1 的 Change 事件过程中加入 File1.Path=Dir1.Path 代码

  C. Dir1 的 Change 事件过程中加入 Dir1.Path=Drive1.Drive,在 File1 的

Click 事件过程中加入 File1.Path=File1.Filename 代码

D. Dir1 的 Change 事件过程中加入 Dir1.Path=Drive1.Drive,在 File1 的 Click 事件过程中加入 File1.Path=Dir1.Path 代码

14. 如果准备向随机文件中写入数据,下列语句中正确的是_____。

A. Print ♯ 1,rec   B. Write ♯ 1,rec
C. Put ♯ 1,rec   D. Get ♯ 1,rec

二、填空题

1. 在 VB 系统中,根据计算机存取文件的方式可将文件分成_____、_____和_____。

2. 文件的基本操作可以分为三个阶段,这三个阶段是_____、_____和_____。

3. 对数据文件进行任何读/写操作之前都必须先用_____语句打开该文件。数据文件读/写完之后必须用_____语句关闭文件。

4. 要将数据写入顺序文件,可使用_____和_____语句。

5. 读/写随机文件必须使用_____和_____语句。

6. 文件系统控件包括_____控件、_____控件和_____控件。

7. 在 VB 程序中,使用_____语句可删除磁盘文件。

8. 为了获得当前可使用的文件通道号,可以调用_____函数。

9. DriveListBox 控件的_____属性用于设置或返回驱动器盘符。

10. 对文件进行操作时,应首先打开文件,在 Visual Basic 中,打开文件所使用的语句为_____。在该语句中,可以设置的输入输出方式包括_____、_____、_____和_____,如果省略,则为_____方式。对文件的存取类型可分为_____、_____和_____三种。

11. 顺序文件可以通过_____语句或_____语句把缓冲区中的数据写入磁盘,而读操作可通过_____、_____或_____语句实现。对于随机文件的读写操作分别通过_____和_____语句实现。

12. 若要在 c 盘 dir1 目录下使用 1 号通道建立一个顺序文件 file1.dat,所用的 open 语句为_____。

13. 若要在 c 盘 dir1 目录下的顺序文件 file1.dat 的后面追加数据,使用 3 号通道打开文件,所用的 open 语句为_____。

14. 获得文件的长度可用_____函数,要取得文件的当前读写位置可用_____函数。用于判断当前位置是否已到达文件尾时,应使用_____

函数。

15. 在c盘当前文件夹下建立一个名为Data.txt的顺序文件。要求用文本输入若干英文单词,每次按下回车键时写入一条记录,并清除文本框中的内容,直至在文本框中输入"End"时为止。

Private Sub Form1 _ Load ()
　　Open "C:\Data.txt" For Output As #3
　　Text1. Text=""
End Sub
Private Sub Text _ KeyPress (KeyAscii As Integer)
　　If KeyAscii=13 Then
　　　　If _____ = "End" Then
　　　　　　_____
　　　　Else
　　　　　　_____
　　　　　　Text1. Text=""
　　　　End If
　　End If
End Sub

三、问答题

1. 文件有哪几种类型?它们的区别是什么?
2. 简述 Print # 和 Write # 语句的区别。
3. 简述 EOF、LOF、LOC 这三个函数的功能。
4. 二进制文件以什么为读写单位?它与顺序文件和随机文件有什么关系?

四、程序设计题

1. 编写一个读写顺序文件的应用程序,程序要求:

① 能建立一个名为 studata1.txt 的学生数据文件,保存的数据是学号、姓名、性别、年龄和成绩。

② 具有追加数据的功能。

③ 具有在立即窗口中显示所有数据的功能。

④ 窗体文件保存为 studata1.frm,工程文件保存为 studata1.vbp。

2. 编写一个读写随机文件的应用程序,程序要求:

① 能建立一个名为 student.dat 的学生数据文件,保存的数据是学号、姓名、

性别、年龄和成绩。

② 将程序文件中的数据按成绩降序排列。

③ 输入一个新学生数据,按成绩顺序插入到文件中。

④ 删除不及格的学生的记录,再存回原来的文件中(要求该文件的长度为原长度减去已删除的记录的长度)。

3. 某单位有 10 名职工,通过编程将他们的工作证号、姓名、性别和工资输入到一个顺序文件中,文件名为"work.dat"。从该文件中读入全部职工的记录,将其中工资高于平均工资的职工记录另建一个文件"work.dat"。

4. 请编写程序,将磁盘上的两个文本文件进行合并,生成一个新的文本文件。

第 9 章 图形绘制实训与习题

—— 实训目的 ——

① 掌握建立用户自定义坐标系的方法。
② 掌握直线和形状控件的使用方法。
③ 掌握利用 Line、Circle、PSet、Point 和 PaintPicture 方法绘图。

—— 实训内容 ——

 实训 9.1

利用窗体设计一个带有时针、分针和秒针的时钟并带有刻度,如图 9.1 所示。

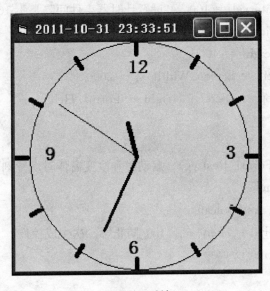

图 9.1 时钟

分析

因为涉及时间,所以一定少不了 Timer 控件的使用。刻度盘可以使用 Line 控件,考虑到会有多个刻度使用控件数组,因为秒针的每一次移动,窗体中的时钟都要与之对应有所变化,所以使用窗体的 Resize 事件构造指针的移动效果。设置 Form1 的 Moveable 属性值为 False,禁止窗体在运行后移动。设置 Form1 的 StartUpPosition属性值为 2—屏幕中心。

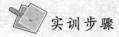 **实训步骤**

① 新建一个工程(工程类型为标准 EXE),然后用"工具箱"中的工具加入一个 Timer1(计时器),四个 Label 控件标注刻度,一个 Shape 控件画出时钟的表盘。
② 在窗体放置一个 Line1(直线),其 Index(指针)设置为 0,长度和位置任意。
③ 添加代码。

```
Option Explicit            '强制显示声明模块中的所有变量
DefDbl A-Z                 '把从 A 到 Z 开头的所有变量都预声明为 Double 型

Private Sub Form1_Load()   '设置窗体和计时器参数
    Timer1.Interval = 100  '设置计时器事件间隔是 1/10 秒
    Form1.Width = 4000
    Form1.Height = 4000
    Form1.Left = Screen.Width/ 2 — 2000
    Form1.Top = (Screen.Height — Form1.Height)/ 2
End Sub

Private Sub Form1_Resize()  '启动时和改变窗体时设置刻度和指针
    Dim i, Angle
    Static flag As Boolean
    If flag = False Then    'flag 防止第二次生成控件
        flag = True
```

```
    For i = 0 To 14        '画出表盘 12 个点和时、分、秒三个指针共 15 个 Line
        If i > 0 Then Load Line1(i)
        Line1(i).Visible = True
        Line1(i).BorderWidth = 5
        Line1(i).BorderColor = RGB(0,0,0)    '设置 Line 的粗细和颜色
    Next i
        End If
    Scale (-1,1)-(1,-1)     '计算指针的位置
    For i = 0 To 14
        Angle = i * 2 * Atn(1) / 3    'Pi=4 * Atn(1),Angle=Pi/6 * i
        Line1(i).X1 = 0.9 * Cos(Angle)
        Line1(i).Y1 = 0.9 * Sin(Angle)
        Line1(i).X2 = Cos(Angle)
        Line1(i).Y2 = Sin(Angle)
    Next i
End Sub

Private Sub Timer1_Timer()
    Const HH = 0            '代表时、分、秒的 Line 数组的下标
    Const MH = 13
    Const SH = 14
    Dim Angle
    Angle = 0.5236 * (15 - (Hour(Now) + Minute(Now) / 60))
                                                        '设置时针
    Line1(HH).X1 = 0
    Line1(HH).Y1 = 0
    Line1(HH).X2 = 0.3 * Cos(Angle)    '对应圆心用角度获取 X2 和 Y2
                                        '的坐标
    Line1(HH).Y2 = 0.3 * Sin(Angle)
    Angle = 0.1047 * (75 - (Minute(Now) + Second(Now) / 60))
                                            '设置分针,2π/60≈0.1047
    Line1(MH).BorderWidth = 3
```

```
Line1(MH).X1 = 0
Line1(MH).Y1 = 0
Line1(MH).X2 = 0.7 * Cos(Angle)
Line1(MH).Y2 = 0.7 * Sin(Angle)
Angle = 0.5236 * (75 - Second(Now) / 5)    '设置秒针
Line1(SH).BorderWidth = 1
Line1(SH).X1 = 0
Line1(SH).Y1 = 0
Line1(SH).X2 = 0.8 * Cos(Angle)
Line1(SH).Y2 = 0.8 * Sin(Angle)
Form1.Caption = Str(Date + Time())    '窗口显示精确的日期和数字化
                                      '的时间
End Sub
```
⑤ 保存、运行、调试程序。

 实训小结

① 用 Load 命令建立原始 Line 控件的 14 个拷贝,生成控件数组。因为表盘有 12 个点和时、分、秒指针共 15 个 Line。该控件数组每一个实例的端点坐标属性设置为每条线在时钟表盘上的适当位置。这些拷贝中大多数只放置一次,而代表时、分、秒的三个 Line 控件每秒钟更新一次,产生时钟指针移动的感觉。在应用程序代码中并没有直接擦除任何一条线。当改变每一个 Line 控件的端点时,每一根针在移动时擦除和重画的所有技术工作都由 VB 自动处理。

② 通过在程序中改变控件的属性,可以改变时钟的形状。如设置 Line 控件的 BorderWidth 属性,可以建立更细或更粗的线。

③ 计算机程序里的 sin(),cos() 等函数,角度大小用"弧度"表示。时针 12 小时转 360 度(6 小时转一个 π),$1\pi \approx 3.1415926535$ 弧度,1 小时转动弧度 $\approx 3.1415926535/6 \approx 0.5236$。同样计算分针和秒针也要用到弧度。语句"Angle = 0.5236 * (15-(Hour(Now)+Minute(Now)/60))"的含义是将圆分为小时指针的 12 份,也就是 $2\pi/12 \approx 0.523$。把时钟的点数取出乘以每份的角度再加上分针走的角度带到下一时针度数,就是按 x 轴的方向算出角度的弧度值。实训 9.2 也是这样的原理,只不过把圆分成的份数不同,对应的角度也不同。

实训 9.2

圆的渐开线的参数方程为：

$$\begin{cases} X = a(\cos t + t\sin t) \\ Y = a(\sin t - t\cos t) \end{cases}$$

编写程序，在窗体上画圆的渐开线，如图 9.2 所示。

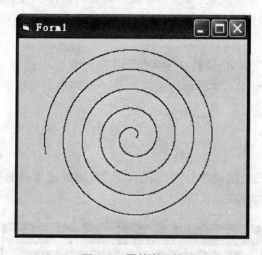

图 9.2　圆的渐开线

 分　析

将(x,y)定义为窗体的中心并且相对于这个中心画出对应的曲线图，通过这种方式定义的坐标系实际上是笛卡尔坐标系。

 实训步骤

新建工程，在代码窗口中添加如下代码。
```
Private Sub Form1_Click()
    ScaleMode = 6
    x = Me.ScaleWidth / 2
    y = Me.ScaleHeight / 2
    For t = 0 to 30 Step 0.001
        xt = cos(t) + t * sin(t)
```

        yt = -(sin(t) - t * cos(t))
        PSet (xt+x, yt+y), RGB(0,0,255)
    Next t
    End Sub

 实训小结

① 由于在笛卡尔坐标系中,横坐标从左向右增加,纵坐标从下往上增加,因此窗体坐标系纵坐标是从下往上减小,在数学表达式的实现过程中表达式前应该添加一个负号。

② 窗体的 ScaleMode 属性在窗体代码中被设置为 6(毫米)。如果使用默认的属性值 2(Twip)并将循环终值修改成 100,则会出现更为密集的图形。

 实训 9.3

编写程序,用三个滚动条分别代表 R、G、B,通过滚动框的移动改变图片框的背景颜色,如图 9.3 所示。

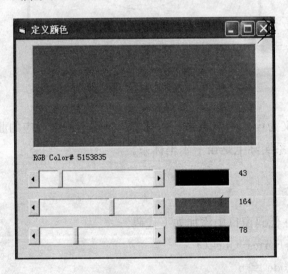

图 9.3 定义颜色

 实训步骤

① 新建工程,在窗体下方放置三个水平滚动条,三个图片框和三个标签,将一

个图片框放置在窗体的上半部分并在其下方放置一个标签。

② 编写通用过程 Adjustcolor(),在该通用过程中分别设置三个滚动条的值用于改变 RGB()函数的取值,以此改变图片框的颜色。

③ 编写事件代码如下。

```
Sub Adjustcolor()
    r = HScroll1.Value
    g = HScroll2.Value
    b = HScroll3.Value
    x& = RGB(r, g, b)
    Picture4.BackColor = x&
    Label4.Caption = "RGB Color#" + Str$(x&)
End Sub


Private Sub Form1_Load()
    HScroll1.Max = 255
    HScroll1.Min = 0
    HScroll2.Max = 255
    HScroll2.Min = 0
    HScroll3.Max = 255
    HScroll3.Min = 0
End Sub


Private Sub Hscroll1_Change()
    Adjustcolor
    Picture1.BackColor = RGB(HScroll1.Value, 0, 0)
    Label1.Caption = Str$(HScroll1.Value)
End Sub


Private Sub Hscroll2_Change()
    Adjustcolor
    Picture2.BackColor = RGB(0, HScroll2.Value, 0)
    Label2.Caption = Str$(HScroll2.Value)
```

End Sub

Private Sub Hscroll3_Change()
　　Adjustcolor
　　Picture3.BackColor = RGB(0, 0, HScroll3.Value)
　　Label3.Caption = Str $ (HScroll3.Value)
End Sub

 实训小结

① 通用过程 Adjustcolor() 的功能就是利用三个滚动条的 Value 取值在 RGB() 函数中调整三个参数的值以达到修改颜色的目的。再将 RGB() 函数的值赋值给长整型的 x 变量。

② Str() 函数的功能是将一个数字转换成字符串。

③ 在三个滚动条的 Change 事件中，先通过 Adjustcolor 子程序控制主颜色区域改变颜色，然后再通过该滚动条的移动改变其 Value 属性的过程改变当前滚动条隶属的色域并显示当前色域的取值为多大。

 实训 9.4

用 Circle 方法在窗体上绘制由圆环构成的艺术图案，如图 9.4 所示。

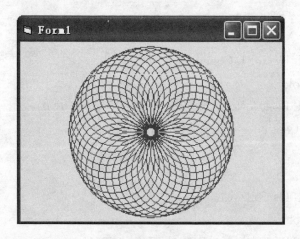

图 9.4　圆环艺术图

分 析

构造该图案的方法为:将一个半径为 r 的圆周等分为 n 份,以这 n 个等分点为中心,以半径 r1 绘制 n 个圆。在窗体的单击事件中设定圆的半径 r 为窗体高度的四分之一,圆心在窗体的中心,在圆周上等分 40 份。第二个圆的半径为 r 的 90%。

 实训步骤

新建工程编写窗体的单击事件,代码如下。

```
Private Sub Form1_Click()
    Dim r, x, y, x0, y0, st As Single
    Cls
    r = Form1.ScaleHeight / 4              '圆的半径
    x0 = Form1.ScaleWidth / 2              '圆心
    y0 = Form1.ScaleHeight / 2
    st = 3.1415926 / 20                    '等分圆周为 40 份
    For i = 0 To 6.283185 Step st          '循环绘制圆
        x = r * Cos(i) + x0                '取圆周上的等分圆
        y = r * Sin(i) + y0
        Circle (x, y), r * 0.9, RGB(255, 0, 0)  '以半径 r1 绘制圆
    Next i
End Sub
```

 实训小结

① 圆的半径 r 的取值为窗体可操作部分高度 ScaleWidth 的四分之一,不是窗体高度 Width 的四分之一。

② 等分圆周的时候 π(3.141592)为圆周的二分之一,而绘制圆的时候是完整的一个圆周,因此为 2π(6.283185)。

——— 习 题 ———

一、选择题

1. 设 CurrentX = 300, CurrentY = 400, 执行命令 "Line (150, 250)—(350,

500),B"后,CurrentX=_____。

  A. 100 B. 200 C. 950 D. 350

2. 在 VB 中用来画圆弧、圆和椭圆的属性或者方法是_____。

  A. Circle B. PSet C. Line D. 三者都不是

3. 使用 Line 方法画矩形,必须在命令中使用的关键字是_____。

  A. A B. B C. E D. F

4. 当 Scale 方法不带参数时,则采用坐标系的形式是_____。

  A. 默认坐标系 B. 标准坐标系 C. 用户自定义 D. 二维坐标系

5. 程序运行过程中,_____函数可以在 Image 控件内载入图片。

  A. Hide B. Stretch C. LoadPicture D. Picture

6. 要使图像框可以自动调整大小以适应图形的大小,则需要设置属性_____。

  A. AutoSize B. Stretch C. Appearance D. AutoRearaw

7. 在 Visual Basic 中坐标轴的默认刻度单位是_____。

  A. 缇 B. 厘米 C. 像素点 D. 磅

8. 在 Visual Basic 中,默认坐标原点是在窗体的_____位置。

  A. 左上角 B. 底部 C. 中心 D. 右下角底部

9. 可以画出圆、椭圆和矩形的属性是_____。

  A. Height B. FillColor C. Enabled D. Shape

10. 对画出的图形进行颜色填充设置,应该使用的属性是_____。

  A. FillColor B. BackStyle C. FillStyle D. BorderStyle

11. 在 Visual Basic 中的坐标轴,用户可以根据实际需要用_____改变刻度单位。

  A. ScaleMode 属性 B. Scale 属性

  C. DrawStyle 属性 D. DrawWidth 属性

12. 通过设置 Shape 控件的_____属性可以绘制多种形状的图形。

  A. Shape B. BorderStyle

  C. FillStyle D. Style

13. 通过设置 Line 控件的_____属性可以绘制虚线、点划线等多种样式的直线。

  A. Shape B. Style C. FillStyle D. BorderStyle

14. 下面叙述正确的是_____。

A. 不能改变 PSet 方法绘制点的大小

B. PSet 方法绘制的点大小受其容器对象的 DrawWidth 属性的影响

C. PSet 方法只能使用容器对象的前景颜色画点

D. 以上均不对

15. 语句"Line(100,100)-(500,500),B"的功能是_____。

A. 使用窗体的前景颜色绘制一个矩形

B. 使用窗体的前景颜色绘制一条直线

C. 使用窗体的背景颜色绘制一个矩形

D. 使用窗体的背景颜色绘制一条直线

二、填空题

1. 在 VB 中,自定义坐标系除了可以用_____、_____、_____和_____等四个属性来定义外,还可以用_____方法来定义。

2. 若要调整对象的位置和大小,可以使用_____方法。

3. 若要把窗体移到屏幕中间,使用的语句为_____和_____。

4. 可以通过设置 Shape 控件的_____属性来绘制各种几何图形。

5. _____方法可以清除窗体或图形框中在程序运行时产生的图形和文字。

6. _____方法用于单个像素的控制,可以用来设置指定坐标点处像素的色彩。若要"擦除"坐标为(100,100)的点的颜色,需使用的语句为_____。

7. 在程序中的语句"Line (100,100)-step(50,100)"执行之后,Currentx 和 Currenty 的值分别为_____和_____。

8. 在窗体、图片框或打印机上绘制经裁剪后的图形文件,需使用_____方法。

三、简答题

1. 窗体的 Width,Height 属性与 ScaleWidth,ScaleHeight 属性有什么区别?

2. 如何使用窗体的四个属性:ScaleLeft,ScaleTop,ScaleWidth 和 ScaleHeight 属性,以及 Scale 方法建立数学中的笛卡尔坐标系?试举例说明。

3. 比较使用图形控件和绘图方法绘图的特点。

四、设计题

1. 编写程序,使用绘图方法在窗体上画出一个五角星,执行结果如图 9.5 所示。

2. 给定正弦曲线的方程为 $y=\sin(x)$,画出当 x 从 -2π 到 2π 变化时的正弦曲线。要求画出坐标轴,在坐标轴上标出刻度。执行结果如图 9.6 所示。

图 9.5　第 1 题的执行结果

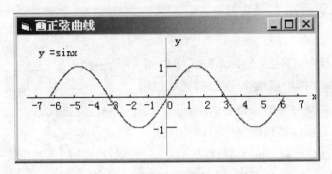

图 9.6　第 2 题的执行结果

3. 编写程序,使得窗体上的一个红色小球能按圆形轨迹运动。给定圆形轨迹方程为:

$$\begin{cases} x = r\sin\theta \\ y = r\cos\theta \end{cases}$$

其中 r 为圆的半径,θ 为圆心角,当 θ 从 0 变化到 2π 时就得到一个圆。运行程序后,单击窗体,执行 Form1_Click 事件过程。一个红色小球按圆形轨迹在窗体上不断运动,如图 9.7 所示,按组合键 Ctrl+Break 才停止。

图 9.7　第 3 题的执行结果

4. 编写程序,绘制一个能绕着圆中心旋转的正方形。程序结果如图 9.8 所示。

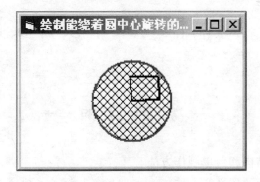

图 9.8　第 5 题的运行情况

第10章 对话框与菜单设计实训与习题

实训目的

① 掌握菜单结构和菜单制作方法。
② 掌握对话框的属性和方法。
③ 能熟悉运用菜单和对话框编写程序。

实训内容

实训 10.1

设计一个登录窗口,通过菜单来控制登录和注册,同时提供记住密码的功能,在账号对应栏中没有输入内容时候,"登录"菜单是灰色,并能使最近登录的账号显示在菜单中列表中。如图 10.1、图 10.2 所示。

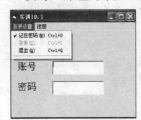

图 10.1 实训 10.1 菜单

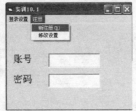

图 10.2 实训 10.1 对话框

运用菜单设计"登录设置"和"注册"菜单。点击"注册"菜单中的"新注册"会弹出一个注册自定义对话框,"登录"菜单在账号框内没有输入内容时,"登录"菜单 Enabled 为 False 即不可用,密码框中的密码为空时,直接点"登录"会弹出预定义对话框(msgbox 函数),提示密码没输入,不能进入系统,"记住密码"菜单是菜单复选功能,在分割线菜单项后面隐藏了一个动态菜单,用来显示录登录过的账号。

① 建立一个新的工程文件。
② 在窗体上添加两个标签、两个文本框、一个菜单编辑器。
③ 在"工程"另添加一个窗体,并在该窗体中添加四个标签、四个文本框、两个命令按钮。
④ 按表 10.1 和表 10.2 通过属性窗口设置对象的初始属性。

表 10.1 两个窗体中控件属性

对象	属性	属性值
Form1 窗体中控件		
Label1	Caption	账号
Label2	Caption	密码
Text1	Text	
Text2	Text	
	Passwordchar	*
Form2 窗体中控件		
Label1	Caption	账号
Label2	Caption	密码
Label3	Caption	密码确认
Label4	Caption	身份证号
Text1	Text	

续表

对象	属性	属性值
Text2	Text	
Text3	Text	
Text4	Text	
Command1	Caption	确定
Command2	Caption	取消

表 10.2 菜单编辑器中的设置

菜单项	标题	名称	下标(索引)	可见性
登录设置	登录设置	Sign	无	True
…记住密码	记住密码(&M)	MemoryCode	无	True
…登录	登录(&S)	SignIn	无	True
…退出	退出(&Q)	quit	无	True
…—	—	Splitline	无	True
…		Recently	0	False
注册	注册	Registrations	无	True
…新注册	新注册(&R)	Registration	无	True
…修改设置	修改设置	ModifySettings	无	True

⑤ 添加代码。

Dim temp As String

Dim menucounter As Integer   '菜单项数

Private Sub MemoryCode_Click()   '记住密码菜单
    If MemoryCode.Checked = False Then   '复选框的设置
        MemoryCode.Checked = True
    Else
        MemoryCode.Checked = False
    End If
End Sub

```
Private Sub SignIn_Click()                    '登录菜单
    If Text2 = "" Then
        MsgBox "请输入密码!", 64, "信息提示"   '密码输入为空时,登录会出现
                                              '对话提示
    End If
    temp = Text1.Text
    menucounter = menucounter + 1             '下标值增 1
    Load Recently(menucounter)                '用 Load 添加菜单
    Recently(menucounter).Caption = temp
    Recently(menucounter).Visible = True      '显示隐藏的菜单
End Sub


Private Sub quit_Click()                      '"退出"菜单
    End
End Sub


Private Sub Text1_Change()
    If Text1.Text = "" Then                   '判断账号框中是否有输入内容
        SignIn.Enabled = False                '账号框中无内容时,登录菜单
                                              '不可用
    Else
        SignIn.Enabled = True                 '账号框中有内容时,登录菜单
                                              '可用
    End If
End Sub


Private Sub Registration_Click()              '单击新注册菜单,显示模式对
                                              '话框
    Form2.Show 1
End Sub
```

执行结果如图 10.3 所示。

图 10.3　实训 10.1 菜单

 实训小结

本实训综合运用了预定义对话框、自定义对话框、菜单控制中的动态菜单、菜单项的标记、菜单可见、菜单的有效控制来实现。注意在编写动态菜单时,运用了菜单控件数组的知识。本实训只是实现了菜单和对话框的功能,对登录的账号和密码没有起到真正的登录和校验。要想更好地体现这些功能,可与下一章节中的 VB 与数据库的知识结合,创建一个可以注册的用户来登录系统。

 实训 10.2

如图 10.4,创建一个菜单系统,其中文件菜单具有打开、保存和退出功能;格式菜单可以改变文本框中字体的样式和颜色;弹出式菜单用于编辑文本,具有剪切、复制和粘贴功能。

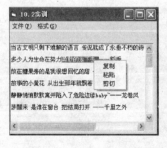 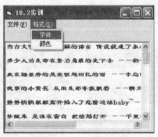

图 10.4　实训 10.2 效果图

 分析

弹出式菜单的初始设置项一定是不可见的。复制运用将文本框选中的文本拷贝到剪贴板上的语句,其代码是:Clipboard.SetText 文本框名称.SelText(注意,没有表示赋值的等号);粘贴即要将剪贴板上的文本粘贴到文本框内,其代码是:文本框名称.SelText = Clipboard.GetText(注意,本行有表示赋值的等号);剪切是在复制的代码的基础上再加一段代码:文本框名称.SelText = ""。

 实训步骤

① 建立一个新的工程文件。
② 在窗体上添加一个 CommonDialog1、一个文本框、一个菜单编辑器。
③ 按表 10.3 和表 10.4 通过属性窗口设置对象的初始属性。

表 10.3 窗体中控件属性

对象	属性	属性值
Form1 窗体中控件		
CommonDialog1	无	
Text1	Text	
	Multiline	True
	ScrollBars	3-Both

表 10.4 菜单编辑器中的设置

菜单项	标题	名称	可见性
文件	文件(&F)	munflie	True
…打开	打开	munopen	True
…保存	保存	munsave	True
…退出	退出	munquit	True
格式	格式(&S)	mungs	True
…字体	字体	munstyle	False
…颜色	颜色	muncolor	True
edit		edit	False
…复制	复制	copy	True
…粘贴	粘贴	Paste	True
…剪切	剪切	Shear	True

④ 添加代码。

```vb
Private Sub Text1_MouseDown(Button As Integer, Shift As Integer, _
X As Single, Y As Single)
    If Button = 2 Then                  '右键点击 Text1 弹出菜单
        PopupMenu edit
    End If
End Sub

Private Sub copy_Click()                '弹出式菜单中的复制
    Clipboard.SetText Text1.SelText
End Sub

Private Sub Paste_Click()               '弹出式菜单中的粘贴
    Text1.SelText = Clipboard.GetText
End Sub

Private Sub Shear_Click()               '弹出式文件菜单中的剪切
    Clipboard.SetText Text1.SelText
    Text1.SelText = ""
End Sub

Private Sub munopen_Click()             '下拉式文件菜单中的打开文件
    CommonDialog1.Action = 1
    If Right(CommonDialog1.FileName, 3) = "txt" Then
        Open CommonDialog1.FileName For Binary As #1
        sFile = Space(LOF(1))
        Get #1, sFile
        Text1.Text = sFile
        Close #1
    End If
End Sub
```

```
Private Sub munsave_Click()                '下拉式文件菜单中的保存文件
    CommonDialog1.Filter = "文本文件(*.txt)|*.txt| _
    All Files(*.*)|*.*"                    '设置文件类型
    CommonDialog1.FilterIndex = 2
    CommonDialog1.ShowSave                 '设置该对话框为另存为
'下面代码用于将 Text1 的内容输出到要另保存的文件里
    Open CommonDialog1.FileName For Output As #1
    Write #1, Text1.Text
    Close #1
End Sub


Private Sub munquit_Click()                '下拉式文件菜单中的退出
    End
End Sub


Private Sub munstyle_Click()               '下拉式格式菜单中的样式
    CommonDialog1.Flags = cdlCFBoth Or cdlCFEffects
    CommonDialog1.Action = 4
    Text1.FontName = CommonDialog1.FontName
    Text1.FontSize = CommonDialog1.FontSize
    Text1.FontBold = CommonDialog1.FontBold
    Text1.FontItalic = CommonDialog1.FontItalic
    Text1.FontUnderline = CommonDialog1.FontUnderline
    Text1.ForeColor = CommonDialog1.Color
    Text1.FontStrikethru = CommonDialog1.FontStrikethru
End Sub


Private Sub muncolor_Click()               '下拉式格式菜单中的颜色
    CommonDialog1.Action = 3               '打开颜色对话框
    Text1.ForeColor = CommonDialog1.Color
End Sub
```

效果如图 10.5 所示。

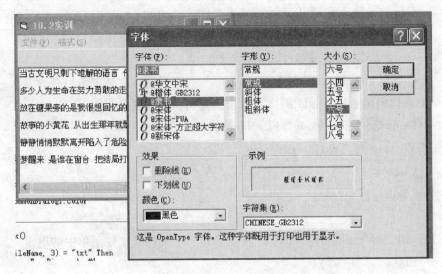

图 10.5　实训 10.2 字体样式功能

 实训小结

本实训主要运用下拉式菜单、弹出式菜单结合通用对话框而实现。注意弹出式菜单初始设置为不可见,点击鼠标右键激活弹出式菜单。复制、粘贴和剪切的代码很多地方能用到,应熟练掌握。

 实训 10.3

如图 10.6、图 10.7 所示,运用菜单系统和预定义对话框编写数据统计系统,数

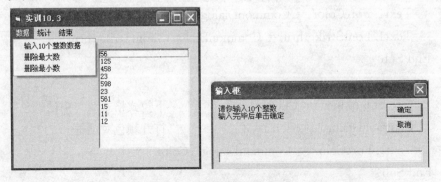

图 10.6　实训 10.3 数据菜单界面和输入对话框

据菜单中有输入 10 个整数数据、删除最大数、删除最小数功能,统计菜单中有显示结果功能,结束菜单有退出功能。本系统通过输入框输入 10 个数据并显示在列表框中,通过统计菜单可以算出最大值、最小值、平均值及求和等。

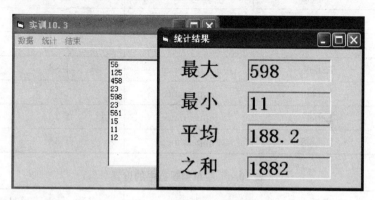

图 10.7 实训 10.3 数据统计功能

本实训通过一个输入对话框接收用户输入的数据,并把数据显示在列表框中,其中连续输入 10 个数据的功能是通过循环语句来实现的,删除最大和最小值功能是运用列表框的 ListCount 和 List()属性来实现的。

 实训步骤

① 建立一个新的工程文件。
② 在 Form1 窗体上添加一个列表框、一个菜单编辑器。
③ 在 Form2 窗体上添加 8 个标签控件。
④ 按表 10.5 和表 10.6 通过属性窗口设置对象的初始属性。

表 10.5 窗体中控件属性

对象	属性	属性值
Form1 窗体中控件		
List1		
Form2 窗体中控件		
Label1	Caption	最大

续表

对象	属性	属性值
Label2	Caption	最小
Label3	Caption	平均
Label4	Caption	之和
Label5	appearance	1-3d
Label6	appearance	1-3d
Label7	appearance	1-3d
Label8	appearance	1-3d

表 10.6 菜单编辑器中的设置

菜单项	标题	名称	可见性
数据	数据	mundata	True
…输入10个整数数据	输入10个整数数据	muninput	True
…删除最大数	删除最大数	dmax	True
…删除最小数	删除最小数	dmin	True
统计	统计	statistics	True
…显示结果	显示结果	Displayresults	True
结束	结束	munend	True
…退出	退出	quit	True

⑤ 添加代码。

以下是数据菜单中的输入10个整数数据功能：

```
Private Sub muninput_Click()
    n = 10
    For i = 1 To n             '利用循环来实现弹出10次输入对话框
    W = "请你输入10个整数" + Chr(13) + Chr(10) _
        + "输入完毕后单击确定"
    s = InputBox(W, "输入框", 100, 100)
    List1.AddItem s             '每次输入的数据显示在列表框中
    Next i
End Sub
```

以下是删除最大数功能：
```
Private Sub dmax_Click()
    n = List1.ListCount
    smax = 0                          '变量 smax 是最大值的那个数
    For i = 1 To n - 1                'ListCount 始终比最大的 ListIndex 值大 1
        If Val(List1.List(smax)) < Val(List1.List(i)) Then
            smax = i
        End If
    Next i
    List1.RemoveItem smax
End Sub
```

以下是删除最小数功能：
```
Private Sub dmin_Click()
    n = List1.ListCount
    smin = 0                          '变量 smin 是最小值的那个数
    For i = 1 To n - 1
        If Val(List1.List(smin)) > Val(List1.List(i)) Then
            smin = i
        End If
    Next i
    List1.RemoveItem smin
End Sub
```

以下是统计菜单中显示结果功能：
```
Private Sub Displayresults_Click()
    Form2.Show 1                      '弹出 Form2 窗口
End Sub
```

以下是结束菜单中退出功能：
```
Private Sub quit_Click()
```

        End
    End Sub

    以下是 Form2 窗口的代码：
    Private Sub Form2_Load()
        n = Form1.List1.ListCount
        smax = 0   '计算最大值
        For i = 1 To n - 1
            If Val(Form1.List1.List(smax)) < Val(Form1.List1.List(i)) Then
                smax = i
            End If
        Next i
        Label5.Caption = Form1.List1.List(smax)

        smin = 0   '计算最小值
        For i = 1 To n - 1
            If Val(Form1.List1.List(smin)) > Val(Form1.List1.List(i)) Then
                smin = i
            End If
        Next i
        Label6.Caption = Form1.List1.List(smin)

        ssum = 0   '计算之和
        For i = 0 To n - 1
            ssum = ssum + Val(Form1.List1.List(i))
        Next i
        Label8.Caption = ssum

        savg = ssum / n   '计算平均值
        Label7.Caption = savg
    End Sub

实训小结

本实训主要运用本章的菜单和预定义对话框编写,并结合第 5 章中的列表框控件,综合地实现数据统计的功能。可以看出,菜单和对话框在实际很多实例中都可以运用到,掌握好菜单和对话框的运用对学习 VB 具有关键作用。

习　题

一、选择题

1. Visual Basic 的对话框分为三类,这三类对话框是_____。
   A. 输入对话框、输出对话框和信息对话框
   B. 预定义对话框、自定义对话框和文件对话框
   C. 预定义对话框、自定义对话框和通用对话框
   D. 函数对话框、自定义对话框和文件对话框

2. 对话框在关闭之前,不能继续执行其他操作,这种对话框属于_____。
   A. 输入对话框　　　　　　B. 输出对话框
   C. 模式(模态)对话框　　　D. 无模式对话框

3. 在通过对话框的_____属性中,可以设置所打开对话框的"默认路径"。
   A. FileName　　B. InitDir　　C. Filter　　D. Pattern

4. 通用对话框 Msgbox 作为函数的返回值一般为_____。
   A. Integer　　B. String　　C. Variant　　D. Long

5. 为了显示字体对话框,下列方法正确的是_____。
   A. CommonDialog1.ShowFont
   B. CommonDialog1.ShowOpen
   C. CommonDialog1.ShowColor
   D. CommonDialog1.ShowSave

6. 在窗体上画一个名称为 CommonDialog1 的通用对话框,一个名称为 Command1 的命令按钮,然后编写如下事件过程:
Private Sub Command1_Click()
　　CommonDialog1.FileName=" "
　　CommonDialog1.Filter="All file | *.* |(*.Doc)| *.Doc|(*.Txt)| *.Txt"
　　CommonDialog1.FilterIndex=2

CommonDialog1.DialogTitle="VBTest"

CommonDialog1.Action=1

End Sub

对于这个程序,以下叙述中错误的是_____。

 A. 在该对话框中指定的默认文件类型为文本文件(*.txt)

 B. 在该对话框中指定的默认文件名为空

 C. 该对话框的标题为 VBTest

 D. 该对话框被设置为"打开"对话框

7. 下列不能打开"菜单编辑器"窗口的操作是_____。

 A. 按 Ctrl+E 键

 B. 单击工具栏中的"菜单编辑器"按钮

 C. 执行"工具"菜单项中的"菜单编辑器"命令

 D. 按 Shift+Alt+M 键

8. 假定有一个菜单项,名为 MenuItem,为了在运行时使该菜单项失效(变灰),应使用的语句为_____。

 A. MenuItem.Enabled=False   B. MenuItem.Enabled=True

 C. MenuItem.Visible=True   D. MenuItem.Visible=False

9. 以下叙述中错误的是_____。

 A. 在同一窗体的菜单项中,不允许出现标题相同的菜单项

 B. 在菜单的标题栏中,"&"所引导的字母指明了访问该菜单项的快捷键

 C. 程序运行过程中,可以重新设置菜单的 Visible 属性

 D. 弹出式菜单也在菜单编辑器中定义

10. 关于自定义对话框概念的说明错误的是_____。

 A. 建立自定义对话框时必须执行添加窗体的操作

 B. 自定义对话框实际上是 Visual Basic 的窗体

 C. 在窗体上还要使用其他控件才能组成自定义对话框

 D. 自定义对话框不一定要有与之对应的事件过程

11. 将窗体的 Visible 属性设置为 True,与使用_____产生的效果一样。

 A. Load 语句   B. Unload 语句   C. Show 方法   D. Hide 方法

12. 菜单项能触发的事件有_____。

 A. MouseDown   B. MouseUp,Click 和 DblClick

 C. Click   D. DblClick 和 Click

二、填空题

1. 有多个对话框可以同时被打开,这种对话框的类型是_____类型。
2. CommonDialog 控件是属于_____的一个组件。
3. 以模式方式显示自定义对话框 Form1 应使用语句_____。
4. 通用对话框可以提供_____种形式的对话框。
5. 使用通用对话框的_____方法或设置 Action 值为_____时可显示"字体"对话框。
6. Load 语句与 Show 方法功能上的区别是_____。
7. Visual Basic 6.0 能够建立下拉式菜单和_____菜单。
8. 如果要为某个菜单项设置一个快捷键(由 Alt 键和一个指定的字符组成),设置方法是:_____。
9. 菜单设计是在"菜单编辑器"中进行的。在菜单编辑器中完成菜单设计后,若要使该菜单作为弹出式菜单,应该使用_____方法来显示它。
10. 建立弹出式菜单要使用的方法是_____。

三、问答题

1. Visual Basic 6.0 中有哪几种对话框?它们的区别在哪里?
2. Visual Basic 中的菜单通过菜单编辑器(菜单设计窗口)建立,可以通过哪四种方式打开菜单编辑器?
3. 菜单的控制项具体包括哪些?

四、设计题

1. 设计一个简单的画板程序,用鼠标左键可以在图片框 Picture1 中绘图。
2. 为窗体上文本框增加一个弹出式菜单,该菜单中包含"红色"、"蓝色"和"绿色"等选项,单击后可以改变文本框中背景的颜色。
3. 设计一个利用菜单控制文本框中文字的字体样式及颜色的程序,并在弹出式菜单中设置一个"窗体背景"菜单,用于为窗体添加或消除背景图片。在"字体"菜单项下有"宋体"、"楷体"两个子菜单,"字号"菜单项下有"32 点阵"和"48 点阵"两个子菜单,在"字体样式"菜单项下有"正常"和"加粗"两个子菜单。在"字体颜色"菜单项下有"红色"和"黑色"两个子菜单。"窗体背景"有"加载图片"和"卸载图片"两个子菜单。"窗体背景"菜单不可见。
4. 在窗体上画一个文本框和三个命令按钮,在文本框中输入一段文本(汉字),然后实现以下操作:
① 通过字体对话框把文本框中文本的字体设置为黑体,字体样式设置为粗斜

体,字体大小设置为24。该操作在第一个命令按钮的事件过程中实现。

② 通过颜色对话框把文本框中文字的前景色设置为红色。该操作在第二个命令按钮的事件过程中实现。

③ 通过颜色对话框把文本框中文字的背景色设置为黄色。该操作在第三个命令按钮的事件过程中实现。

第 11 章　VB 与数据库实训与习题

—— 实训目的 ——

① 掌握利用"可视化数据管理器"创建及维护数据库的方法。
② 掌握使用数据控件访问数据库的基本方法。
③ 能熟练运用数据控件访问编写程序。

—— 实训内容 ——

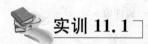 实训 11.1

编写一个药品管理系统,可以通过这个系统对药品的编号、品名、单位、规格、产地、包装、类别、保质期等属性进行记录,还可以进行信息查找、删除、添加等操作,如图 11.1 所示。

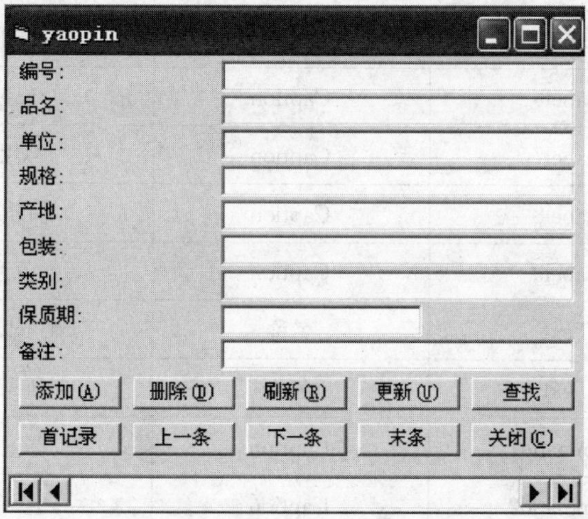

图 11.1　实训 11.1 效果图

分 析

本实训先要用 Access 建立一个关于药品数据信息的数据库,然后建立一个数据库访问控件 Data 控件,用 Data 控件连接已建立好的药品数据信息数据库。数据是通过 Text 显示,也是通过 Text 添加,因此实训中涉及多个 Text 框,可以建立一个 Text 控件组,以方便程序的编写。

 实训步骤

① 建立一个新的工程文件。
② 在窗体上添加 9 个标签、9 个文本框(控件组)、10 个按钮控件、一个 Data 控件。
③ 按表 11.1 通过属性窗口设置对象的初始属性。

表 11.1 属性窗口设置

对象	属性	属性值
Label1	Caption	编号
Label2	Caption	品名
Label3	Caption	单位
Label4	Caption	规格
Label5	Caption	产地
Label6	Caption	包装
Label7	Caption	类别
Label8	Caption	保质期
Label9	Caption	备注
Text	名称	txtFields(0)
Text	名称	txtFields(8)
Command1	Caption	首记录
Command2	Caption	上一条
Command3	Caption	下一条

续表

对象	属性	属性值
Command4	Caption	末条
Command5	Caption	添加
	名称	cmdAdd
Command6	Caption	删除
	名称	cmdDelete
Command7	Caption	刷新
	名称	cmdRefresh
Command8	Caption	更新
	名称	cmdUpdate
Command9	Caption	查找
	名称	cmdFind
Command10	Caption	关闭
	名称	cmdClose
Data1	recordsource	yaopin

④ 添加代码。

```
Private Sub cmdAdd_Click()
    Data1.Recordset.AddNew
End Sub

Private Sub cmdDelete_Click()
    '如果删除记录集的最后一条记录
    '记录或记录集中唯一的记录
    Data1.Recordset.Delete
    Data1.Recordset.MoveNext
End Sub
```

```vb
Private Sub cmdRefresh_Click()
    '这仅对多用户应用程序才是需要的
    Data1.Refresh
End Sub


Private Sub cmdUpdate_Click()
    Data1.UpdateRecord
    Data1.Recordset.Bookmark = Data1.Recordset.LastModified
End Sub


Private Sub cmdFind_Click()
    Dim strChanDi As String
    strChanDi = InputBox$("请输入产地","查找")
    Data1.RecordSource = "Select * From yaopin Where 产地 = '" _
    & strChanDi & "'"
    Data1.Refresh
    If Data1.Recordset.EOF Then
        MsgBox "没有该产地,请重新输入。","提示"
        Data1.RecordSource = "yaopin"
        Data1.Refresh
    End If

End Sub


Private Sub cmdClose_Click()
    Unload Me
End Sub


Private Sub Command1_Click()
    Data1.Recordset.MoveFirst
End Sub
```

```
Private Sub Command4_Click()
    Data1.Recordset.MoveLast
End Sub

Private Sub Command2_Click()
    Data1.Recordset.MovePrevious
    If Data1.Recordset.BOF Then Data1.Recordset.MoveFirst
End Sub

Private Sub Command3_Click()
    Data1.Recordset.MoveNext
    If Data1.Recordset.EOF Then Data1.Recordset.MoveLast
End Sub

Private Sub Data1_Error(DataErr As Integer, Response As Integer)
   '这就是放置错误处理代码的地方
   '如果想忽略错误,注释掉下一行代码
   '如果想捕捉错误,在这里添加错误处理代码
    MsgBox "数据错误事件命中错误:" & Error$(DataErr)
    Response = 0    '忽略错误
End Sub

Private Sub Data1_Reposition()
    Screen.MousePointer = vbDefault
    On Error Resume Next
   '这将显示当前记录位置为动态集和快照
    Data1.Caption = "记录:" & (Data1.Recordset.AbsolutePosition + 1)
   '对于 Table 对象,当记录集创建后并使用下面的行时,必须设置 Index
   '属性
   'Data1.Caption = "记录:" & (Data1.Recordset.RecordCount *
   '(Data1.Recordset.PercentPosition * 0.01)) + 1
End Sub
```

```vb
Private Sub Data1_Validate(Action As Integer, Save As Integer)
    If txtFields(0).Text = "" And (Action = 6 Or _
    txtFields(0).DataChanged) Then
        MsgBox "数据不完整,必须要有编号!"
        Data1.UpdateControls
    End If
    '这是放置验证代码的地方
    '当下面的动作发生时,调用这个事件
    Select Case Action
        Case vbDataActionMoveFirst
        Case vbDataActionMovePrevious
        Case vbDataActionMoveNext
        Case vbDataActionMoveLast
        Case vbDataActionAddNew
        Case vbDataActionUpdate
        Case vbDataActionDelete
        Case vbDataActionFind
        Case vbDataActionBookmark
        Case vbDataActionClose
    End Select
    Screen.MousePointer = vbHourglass
End Sub


Private Sub Form1_Load()
    Data1.DatabaseName = App.Path & "\yygl.mdb"
End Sub
```

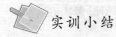 实训小结

本实训主要将数组控件和 Data 访问数据控件结合使用,还运用 SQL 语言中的 Select 语法对已有的数据进行查找,效果如图 11.2 所示。

还可以通过 DataGrid 控件来显示实训 11.1 中所有药品的信息,效果如图 11.3 所示。

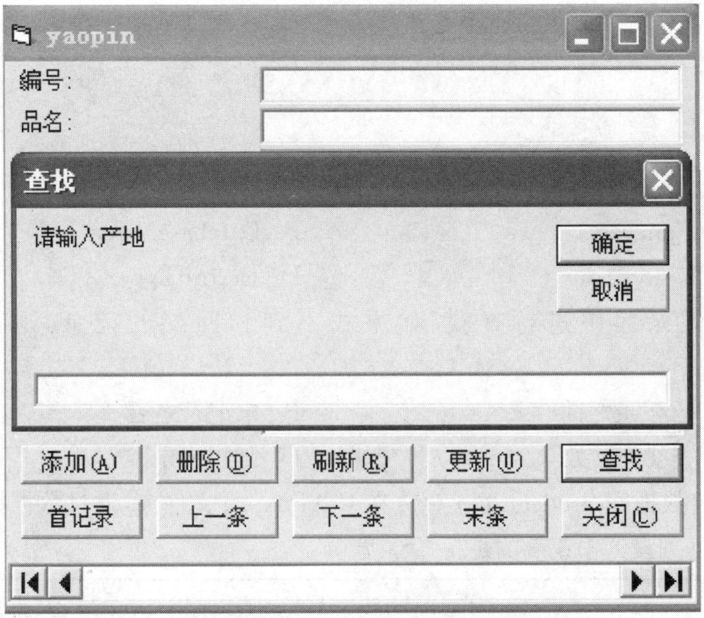

图 11.2 实训 11.1 查找实例

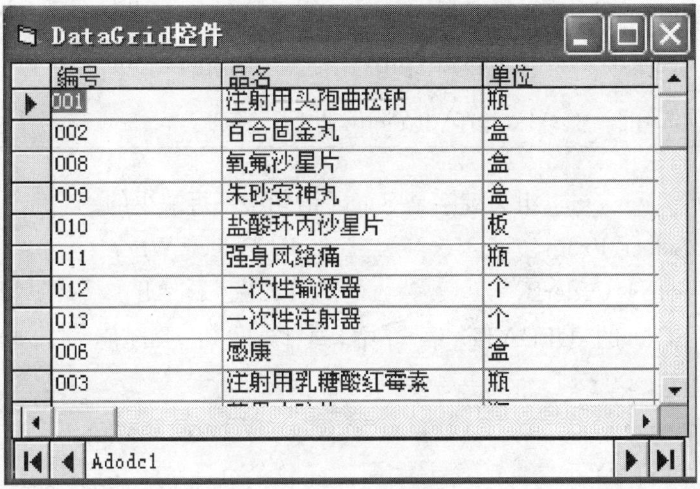

图 11.3 DataGrid 控件示例

习 题

一、选择题

1. 要使用数据控件返回数据库中记录集,则需设置_____属性。
   A. Connect
   B. DatabaseName
   C. RecordSource
   D. RecordType

2. 在记录集中进行查找,如果找不到相匹配的记录,则记录定位在_____。
   A. 首记录之前
   B. 末记录之后
   C. 查找开始处
   D. 随机记录

3. 假定数据库 Student.dbf 存放在 C:\Foxpro 文件夹,通过数据控件 Data1 进行链接,下列设置中正确的是_____。

	Connect	DatabaseName	RecordSource	RecordType
A.	Foxpro 3.0	C:\Foxpro\dtudent.dbf	Student.dbf	Table
B.	Foxpro 3.0	C:\Foxpro	Student.dbf	Dynaset
C.	Access	C:\Foxpro	Student.dbf	Table
D.	DbaseⅢ	C:\Foxpro\dtudent.dbf		Dynaset

4. 下列_____组关键字是 Select 语句中不可缺少的。
   A. Select、From
   B. Select、Where
   C. Select、OrderBy
   D. Select、All

5. 在 SQL 的 UPDATE 语句中,要修改某列的值,必须使用关键字_____。
   A. Select
   B. Where
   C. DISTINCT
   D. Set

6. 在使用 Delete 方法删除当前记录后,记录指针位于_____。
   A. 被删除记录上
   B. 被删除记录的上一条
   C. 被删除记录的下一条
   D. 记录集的第一条

7. 使用 ADO 数据控件的 ConnectionString 属性与数据源建立链接的相关信息,在属性页对话框中可以有_____种不同的链接方式。

A. 1　　　　　　B. 2　　　　　C. 3　　　　　D. 4

8. 数据绑定列表框 DBlist 和下拉式列表框 DBCombo 控件中的列表数据通过属性_____从数据库中获得。

  A. DataSource 和 DataField　　B. RowSource 和 ListField
  C. BoundColumn 和 BoundText　D. DataSource 和 ListField

9. 下列 Data1_Validate 事件的功能是_____。
Private Sub Data1_Validate(Action As Integer, Save As Integer)
  If Save And Len(Trim(Text1.Text))= 0 Then Action = 0
End Sub

  A. 如果 Text1 内数据发生变化,则关闭数据库
  B. 如果 Text1 内数据发生变化,则加入新记录
  C. 如果 Text1 内被置空,则确认写入数据库
  D. 如果 Text1 内被置空,则取消对数据库的操作

10. 如果程序在打开 A 盘上的指定文件时产生"文件未找到"的错误,则引起该错误的原因是_____。

  A. 文件类型不正确　　　　　　B. 驱动器未准备好
  C. 文件名无效或路径不正确　　D. 文件不存在

11. 与"SELECT COUNT(cost) FROM Supplies"等价的语句是_____。

  A. SELECT COUNT(*) FROM Supplies WHERE cost <> NULL
  B. SELECT COUNT(*) FROM Supplies WHERE cost = NULL
  C. SELECT COUNT(DISTINCT prod_id) FROM Supplies WHERE cost <> NULL
  D. SELECT COUNT(DISTINCT prod_id) FROM Supplies

12. VB 提供的"On Error Goto 0"错误语句表示_____。

  A. 当发生错误时,使程序转跳到语句标号为 0 的程序块
  B. 当发生错误时,不使用错误处理程序块
  C. 当发生错误时,忽略错误行,继续执行下一语句
  D. 当发生错误时,终止程序运行

二、填空题

1. 要使绑定控件能通过数据控件 Data1 链接到数据库上,必须设置控件的_____属性为 Data1。

2. 如果数据控件链接的是单数据表数据库,则_____属性应设置为数据

库文件所在的子文件夹名,而具体的文件名放在_____属性。

3. 记录集的_____属性返回当前指针值。

4. 要设置记录集的当前指针,则需通过_____属性。

5. 记录集的 RecordCount 属性用于对 Recordset 对象中的记录计数,为了获得准确值,应先使用_____方法,再读取 RecordCount 属性值。

6. 设计预览 DataReport1 对象产生的报表,需要通过代码_____来实现。

7. 报表设计器"数据报表"工具箱内的文本控件用于显示_____数据。

8. 如果要直接将预览 DataReport1 对象产生的报表打印出来,打印时不显示打印对话框,则需要通过代码_____来实现。

三、问答题

1. 使用 ADO 打开数据库的方法是什么?
2. ODBC 由哪几部分组成?
3. 在 VB 中可以访问哪些类型的数据库?
4. 如何用命令为 DataGrid 控件指定数据源?

四、设计题

1. 设计一个窗体,用于实现 student 表的记录操作,包括添加、编辑和删除记录,如图 11.4 所示。

图 11.4 习题 1 窗体设计界面

2. 设计一个窗体,用于实现 teacher 表记录的简单查找,其界面如图 11.5 所示。其中 ADO Data 控件 adodc1 采用"ODBC 数据资源名称"的方式,设置它们的 DSN 为 schoolDBS,记录源为"SELECT * FROM teacher",Visible 属性为 False。"教师信息"框架中有六个标签(Label1 数组)和六个文本框(Text1 数组,它们的数据源分别对应 teacher 表的六个列)。另有四个命令按钮(Comm1 数组)用于记录导航。编写该窗体上对应的事件过程。

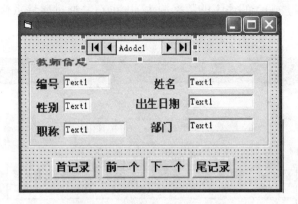

图 11.5　习题 2 窗体设计界面

3. 设计一个窗体，如图 11.6 和图 11.7 所示。其中 ADO Data 控件 adodc1 采用"ODBC 数据资源名称"的方式设置它们的 DSN 为 schoolDBS，记录源为 "SELECT distinct(depart) FROM teacher"，Visible 属性为 False。ADO Data 控件 adodc2 采用"ODBC 数据资源名称"的方式设置它们的 DSN 为 schoolDBS，记录源为"SELECT * FROM teacher"，Visible 属性为 False。"指定部门"框架中包含一个 DataCombo1 控件(其 RowSource 属性为 adodc1，ListField 属性为 depart)和一个命令按钮 Command1。

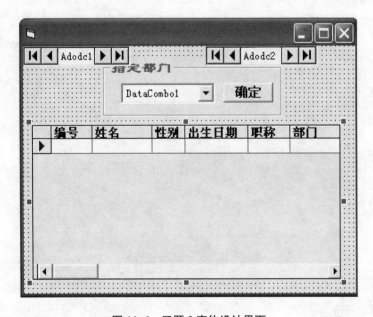

图 11.6　习题 3 窗体设计界面

DataGrid 控件 DataGrid1 的数据源为 adodc2，并通过属性页修改其列标题、字体等。

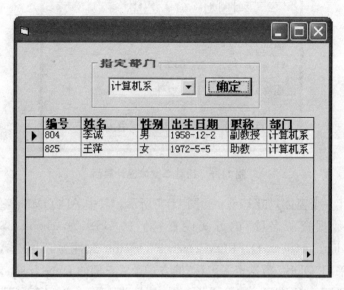

图 11.7 习题 3 窗体执行界面

第12章 程序调试与错误处理实训与习题

―― 实 训 目 的 ――

① 学会设置断点调试程序的方法。
② 了解 VB 程序调试工具的主要特征及常见错误类型。
③ 掌握"单步执行"方式跟踪程序执行过程的方法

―― 实 训 内 容 ――

 实训 12.1

将下面的程序使用"单步执行"的方式跟踪程序执行的整个过程。
```
Private Sub Command1_Click()
    Dim a(3, 4)
    For i = 1 To 3
        For j = 1 To 4
            a(i, j) = i * j
        Next j
    Next i
    For i = 1 To 3
        For j = 1 To 4
            Print a(i, j);
        Next j
        Print
    Next i
End Sub
```

分　析

本实训主要是练习"调试"工具栏中的"单步执行"命令。

 实训步骤

① 建立新工程,在窗体Form1上设置一个命令按钮Command1,并在Command1_Click事件中输入上面的程序段。

② 单击"调试"工具栏上的"逐语句"按钮,或单击"调试"菜单中的"逐语句"按钮,或按F8键,系统进入运行模式。

③ 程序运行之后,单击Command1按钮,开始执行事件过程Command1_Click,系统切换到中断模式。

④ 再次单击"逐语句"按钮,或按F8键,执行完第一个可执行语句后,将下一个可执行语句设置为"待执行语句"。每单击一次"逐语句"按钮,VB就执行一个语句。待执行语句以黄色反相显示。由此可以跟踪程序执行的整个过程。

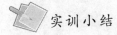 实训小结

通过"单步执行"可以观察到程序执行过程,同时观察变量值的变化过程,便于帮助用户查找逻辑错误。

 实训 12.2

使用"本地窗口",观察前例中变量值的变化过程。

 分　析

在Visual Basic中除了"单步跟踪"可以观察变量值的变化,还有其他方式可以观察变量值的变化,"本地窗口"就是其中一种。

 实训步骤

① 单击"逐语句"按钮,程序进入执行状态,单击Form1上的Command1,程序进入执行状态。

② 单击"调试"工具栏或"视图"菜单中的"本地窗口",打开本地窗口,不断地

单击"逐语句"或按 F8 键,可以在"本地窗口"中看到当前过程中变量的值不断变化的过程,如图 12.1 所示。

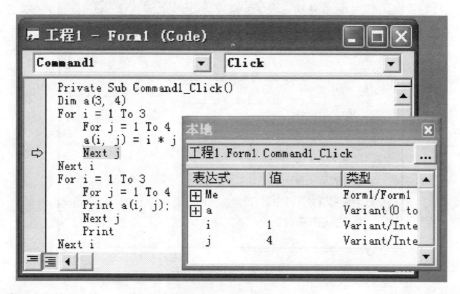

图 12.1 本地窗口

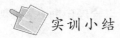 实训小结

"本地窗口"只有在程序处于中断状态时才可用,在"本地窗口"中还可以改变变量的值。

 实训 12.3

使用"监视窗口"调试实训 12.1 程序代码。

 分　析

"监视"就是定义一个表达式,当程序运行时,此表达式的值也会更新变化,并可以根据表达式的变化情况作出相应的动作。

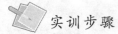 实训步骤

① 在设计模式时,单击"调试"工具栏或"视图"菜单中的"监视窗口",打开监

视窗口,监视什么情况下 a(i,j)>8,设置如图 12.2 所示。

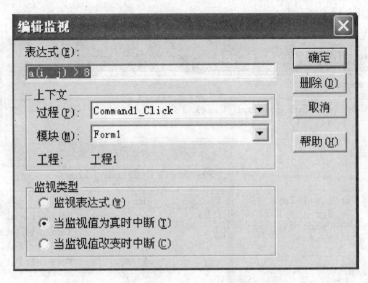

图 12.2 编辑监视窗口

② 设置好后,单击"执行"按钮,程序进入执行状态,单击 Form1 中的 Command1,程序中断在语句"next j"处,将鼠标指针分别指向变量 i 和 j,发现 i=3, j=3,则 i*j=9,满足在"监视窗口"中设置的条件 a(i,j)>8,所以程序中断在该语句处,如图 12.3 所示。

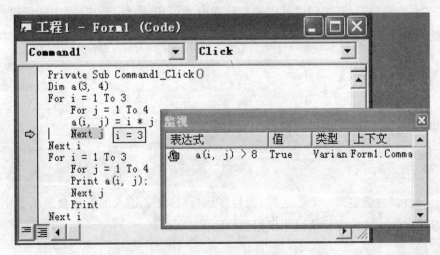

图 12.3 监视窗口

 实训小结

当程序处于中断状态时,"监视窗口"中列出了工程中定义的所有监视表达式及它们的值与"上下文"范围。

习 题

一、选择题

1. 立即窗口的作用是:_____。
    A. 显示当前过程中变量及其值
    B. 如果变量值为真,则程序中断
    C. 显示程序中的所有变量及其值
    D. 显示错误提示信息

2. VB 的三种工作模式,下面_____说法是错误的。
    A. 设计模式   B. 运行模式   C. 修改模式   D. 中断模式

3. VB 中提供了多种窗口帮助调试程序,_____窗口是错误的。
    A. 立即窗口   B. 运行窗口   C. 本地窗口   D. 监视窗口

4. Resume 语句用于退出错误处理程序,Resume 语句有三种用法,下面_____用法是错误的。
    A. Rsume   B. Resume Next
    C. Resume 标号   D. Resume loop

5. 在程序调试中,用户可以随时进入到中断模式,下面几种方式中_____是错误的方式。
    A. 按下 Ctrl+Break 键来引导程序由运行模式切换到中断模式
    B. 使用"break"语句将应用程序置于中断模式
    C. 应用程序在运行时产生错误,会自动切换到中断模式
    D. 选择"运行"菜单中的"中断"命令或单击工具栏上的"中断"按钮将应用程序置于中断模式

二、填空题

1. 诊断和改正程序中的错误通常称为_____。
2. Visual Basic 程序有三种模式,即_____模式、_____模式和_____模式。

3. 在立即窗口中可以使用 _____ 输出变量的值。

4. VB 提供了四种跟踪方式：_____、_____、跳出和运行到光标处，这四种方式都只能工作在中断模式下。

5. 使用"调试"菜单中的 _____ 可以设置断点。

三、问答题

1. VB 中编写程序时，常见的错误类型有哪些？

2. 设置断点的方式有几种？如何设置？

3. 跟踪程序运行的方法有哪几种？

四、程序调试

下面给出的程序中都有错误，请调试更正。

1. 下面的程序是求 100 以内的奇数和 s 的值（$s=1+3+5+\cdots\cdots+99$）。

```
Private Sub Command1_Click()
    Dim s As Single
    Dim i As Single
    s = 1
    For i = 1 To 100 Step 1
        s = s * i
    Next i
    Print s
End Sub
```

2. 求解一元二次方程（$ax^2+bx+c=0$）的解的程序。

```
Private Sub Command1_Click()
    Dim a As Integer, b As Integer, c As Integer, d As Single
    Dim x1 As Single, x2 As Single
    InputBox ("a=")
    InputBox ("b=")
    InputBox ("c=")
    d = Sqr(b * b - 4 * a * f)
    x1 = (-b + d) / (2 * a)
    x2 = (-b - d) / (2 * a)
    Print "x1="; x1, "x2="; x2
End Sub
```

运行程序，分别输入数据 a=1,b=2,c=5;a=1,b=4,c=4;a=1,b=-3,c=2,结果如何？

3. 从键盘输入数据，程序判断数的大小，程序中有三处错误，请调试。在窗体上设计一个标签，一个文本框，一个命令按钮，代码如下：

Private Sub Command1_Click()
  Dim a As Single
  Dim jieguo As String
  a=Val(Text1)
  If a>0 Then jieguo="正数"
   If a=0 Then jieguo="零"
   If a<=0 Then jieguo="负数"
    Label3.caption=jieguo
End Sub

4. 设计程序实现功能，求 n=10!，下面代码有错误，请调试。

Private Sub Command1_Click()
  Dim n As Single, a As Integer
  For a=1 to 20
   n=n*a
  next n
  Print "n="; n
End Sub

5. 在窗体上输出杨辉三角形，要求打印10行，程序中有错，请改正。

Private Sub Command1_Click()
  Cls
  Print
  Dim n, c, i ,j As Integer
  n=10
  c=1
  For i=0 To n-1
   p=30-3*i
  Print Tab(p); c,
  For j=1 To i

```
            c=c*(i-j+1)/j
            Print Tab(p+6*j); c;
       Next j
       Print
    Next i
End Sub
```